經理人 01
Manager

石滋宜談競爭力

石滋宜 博士 著

臺灣商務印書館 發行

聯合推薦：

多年來，從主持中國生產力中心到全球華人競爭力基金會，石滋宜博士為推動台灣產業升級不遺餘力，並有相當顯著的貢獻。為進一步追求台灣社會全面競爭力的提升，石博士透過簡潔的文字與精闢的闡示，完成此書，足供大家參考。

——**施振榮** 宏碁集團董事長

全球已步入完全競爭的時代，而在全球化、自由化的浪潮下，企業整體環境，將是強者恆強，大者恆大的必然趨勢，企業必須建立創新的機制，建立核心競爭力以積極的企圖心及落實其執行力，並快速改變其體質的提升，才能永續經營。所以在知識經濟的時代，如何善用知識，提升整體員工專業能力並培育良好的企業文化，結合成組織的最佳戰鬥力，誠為當務之急，故要如何使企業能達到「人盡其才」發揮企業潛在的競爭力等，過去在滋宜兄的演講與著作中已有諸多擅示，此次在本書中又做了有系統的整理，必然可作為企業團隊最理想思維模式之啟發，有幸寫幾句推薦語，對我而言也甚感榮焉。

——**許勝雄** 金寶集團董事長

作者簡介：

石滋宜
——現任——
全球華人競爭力基金會董事長
全球華人企業顧問中心（北京）董事長

　　石滋宜博士於1982年，受李國鼎先生及當時經濟部長趙耀東先生邀請回國，協助推動自動化工作，有我國「自動化之父」的雅譽。自1984年底接任中國生產力中心總經理以來，為台灣企業培訓人才超過五十萬人次，為台灣企業的轉型與升級貢獻良多。1996年起擔任台灣省省政委員、台灣省榮譽科技顧問；提出以「企業化」創造省營事業之經營價值。於1998年籌設「全球華人競爭力基金會」，現任基金會董事長；除此之外，並創設總裁學苑學習網站。歷年來曾發表：《總裁的六大學習》、《學習革命》等書，也常在《經濟日報》副刊等發表文章與評論。

作者序：

競爭力就是學習力

現在很多人都在談競爭力，關於競爭力的詮釋不勝枚舉，我想所謂的競爭力，簡而言之就是學習力。

學習是帶動改變的原動力，而所謂的學習並非一味的模仿而是真正的全面變革，我想這正是多年來政府及傳統產業都知道該做什麼，但卻始終做不好的原因，因為他們始終以相同的方法、相同心態來做事，卻期待能獲得不同的結果，但我們都知道這是絕不可能的！特別是90年代以降，產業升級與組織變革的聲浪不斷，這是為什麼呢？問題的答案就在此！

所以，我在1998年成立全球華人競爭力基金會，並開闢《總裁學苑》網站（http://www.ceolearning.org），無非是想藉網路的力量，使得經營者每天都可以學習最新的觀念與方法，改變舊思維而來重塑商業模式的新競爭力。

本書的內容即是近幾年，我在《經濟日報》企管副刊與《總裁學苑》發表文章的集結，每篇文章皆是一個思維的實踐力，可以獨立閱讀，但為更系統的讓讀者方便閱覽，特區分成四大部分：

一、個人競爭力——領導。主要是針對經營者個人而言，什

麼是領導？需要怎樣的領導力？來建立新的競爭領導力。

二、企業競爭力——管理。在知識經濟時代，如何讓企業改變與強化競爭力，關鍵是什麼？在所謂微利的商業環境怎樣讓企業增利，關鍵在顧客滿意，裡頭有最新的觀點詳述。

三、產業競爭力——創新。在產業變革中，怎麼樣能重塑競爭力呢？放諸四海皆準的答案就是創新，在本篇中，特舉各行業的例子來探究創新的重要性。

四、全球競爭力——跨越。全球化是經濟發展一股無法抵擋的潮流，對於國家、企業、乃自個人如何去跨越區域的藩籬，都是挑戰。本篇主要從「人財」（human capital）即國家所面臨的問題切入，提供建立全球競爭力的觀察。

最後，我要特別感謝全球華人競爭力基金會的同仁馬紹慧小姐、黃祖強先生與盧文情小姐給予寫作上的細心整理與參與討論，並謝謝臺灣商務印書館編輯群的用心校正，使本書能即時問世，並期待讀者閱讀此書，不吝給予異見指正，是為之自序！

（作者為全球華人競爭力基金會董事長）

第三部　產業競爭力——創新

第四部 **國家競爭力──跨越**

第一部

個人競爭力——領導

1. 答案就在領導者身上

我曾經在文章中提及：「同樣的員工，同樣的設備，但是領導者換了，卻能造就出截然不同的結果！這也正如日產汽車的重生一樣，有人問日產CEO龔恩(Carlos Ghosn)，日產為什麼能夠復活，他說：『答案就在公司裏』。」

今天，我想回應龔恩的話：「答案就在領導者身上。」

以幾十年實地在業界的經驗與觀察，我認為一個企業的好與不好，第一取決就是領導者。領導者的差異，不僅直接造就了企業的差異，也決定了企業的終極命運！

領導者對於企業的重要性，如同我過去替鴻海董事長郭台銘先生的新書作序時，他在書裏有句話深深感動了我：「阿里山的神木之所以大，四千年前種子掉到土裏時就決定了，絕不是四千年後才知道。」

領導者無疑地就像種子，成為企業未來能否茁壯的因果。

當然，在當今這樣變動迅速的環境，我們不能期盼領導者得像百科全書一樣，得知道所有經營的答案，那麼，也許你會問那答案何處尋呢？我說，解鈴還需繫鈴人，還是得靠領導者自己。這，怎麼說呢？

　　領導者無法知道所有的事，但可以透過「真」去找答案
──以真實無私與言行一致，讓所有的同仁感染，而都願意以真
待人，傾聽顧客的聲音，並讓真實的意見成為我們答案的依據。

　　領導者無法創造所有的新奇，但可以用「愛」來找答案
──凝聚全體同仁的意志力和決心，激發同仁的歸屬感和熱情，
使每一位同仁都能在企業內找到自己尊貴的價值與驕傲，並且關
心、投入，為了自己，也為了企業。

　　領導者無法執行所有的方案，但可以用「美」來找答案──
要求全體同仁(也包括領導者自我修練)對顧客的承諾必須盡善盡
美，想盡各種辦法為顧客解決問題，提供一個美好的消費經驗與
滿意的服務，很自然顧客會感受到你的美意而願意接受你，購買
你的產品，幫你做宣傳。

　　這麼說，當好領導者的答案是什麼呢？已呼之欲出了。

2. 重視直覺的決策力

一些領導者在提出決策時，都特別強調這是經由詳細分析而得出的結果，但仔細觀察後卻發現：這種分析過後的答案，並不見得是一個具有關鍵性的決策。

問題在哪呢？

不妨先看以下的案例：一家著名的美國飼料公司，打算生產如何使狗食用後不會發胖的食品。因此，他們花了很多時間研究與分析，改良營養配方、生產包裝與行銷方式，但長期銷售業績並不理想，令他們很納悶。

但在檢討會上有人突然提說：這種飼料，狗喜歡吃嗎？一語道破癥結所在。原來，是狗不喜歡吃這種味道的飼料。

所以答案就出在直覺。

直覺是「我知道，但不知道為什麼我會知道」的一種心智狀態。船井幸雄即說：直覺力是不經過思考而能直接正確知道的能力。

事實上，直覺是「顯在意識」（Conscious Mind），透過某種管道從「超意識層」（Super-Conscious Mind）取得資訊。

而絕大多數的人因為在成長的過程當中有許多恐怖的體驗，

以及不願再出現的記憶或經驗，形成阻礙超意識的資訊流入顯在意識，故直覺的能力就很差。但有些人直覺力非常的強，他隨時可從超意識層裡獲取他所要的資訊，這些人我們則稱他為超能力者。事實上每個人可以經過學習訓練，例如冥想、打坐、打破習慣領域等，達到較容易取得超意識層裡之資訊的能力。如果我們較容易取得超意識層裡的資訊，則我們很容易發現別人看不見的東西，因此能幫助我們知道不易知道的事，以及開發出新的產品。

美國直覺力應用中心(the Center for Applied Intuition, CAI)指出，直覺主要的應用有三個領域：

1.個人(life leading)；

2.科學(science leading)；

3.事業(bussiness leading)。

假如我們大家都能學習，訓練自己活用直覺力，則能有更多的發明、發現和創造新產品為企業、為社會貢獻。所以我不斷說：願景是可以看到潛在的機會或未來，它不是用分析可察知的，它是要靠直覺。但我也要強調：不是否定分析的價值，只是其代價太高。

3. 領導難以定義
(Leadership Hard to Define)

當我們談領導時，有人視領導是天生的，有人覺得領導是一種技術或者是藉學習精進，更有人說領導是一門藝術，到底答案是哪一個？

對於領導的定義，我看過不下上百種，各種說法可說是「似是而非」(這裡並非是指它錯了，而僅是其中的特質之一，無法含蘊全義)。正如美國知名領導學家華倫‧班尼斯(Warren Bennis)所言：領導行為與愛情差不多，人人都知道它存在但卻難以說明清楚。

班尼斯也說：「領導就像美，難以定義，當你看到它時你就知道 (leadership is like beauty, hard to define, you know it when you see it.)」，但我特別把它修改，將其中「你看到」改為「你感受到」(you feel it)。因為「美」是一種感覺而非一種知識。我深深地體會領導的魅力來自於感受，而非純粹的視覺。

至於說領導是可以學習的，但學習有很多方法，訓練也是學習的一種方式，但是領導絕無法僅用訓練而獲得。

我不否定技巧的訓練，像工廠操作，現在都是一天二十四小

時運轉，除了應有的防護措施，你必須訓練輪班人員嫻熟技巧，才可避免停機故障所造成的巨額損失，而馬戲團的獨門絕技、啦啦隊舞藝展現，甚至動物也是一樣都可不斷訓練，也能夠達到符合表演的水平。但他們無法成為領導者。

領導能力則需要用「教育」，因為教育才能培育思考能力。但領導者只有思考能力是不夠的，領導很多是處理與人有關的事務，而人是很個性化的，因此在不同的情況下處理的方式應該千變萬化的。

而對領導者本身，我們亦常說：在他生氣的時候千萬不要作決策。因為當一個人在憤怒的時候不僅失去思考的能力，同時也失去學習的能力，所以最重要的是情緒與感受的掌握能力(EQ)。也就是這需要的是內在教育，靠內在修練(inward discipline)來不斷提升！

因此，當我們看到領導者改變了，並非具體的變化，而是感受他的格局與氣度比以往更開闊了，我重新詮釋班尼斯之言，道理就在此！

因為領導是內在的東西，以現在科學實在難以定義，無法明確定義的東西就不僅很複雜而且更難以理解。但我們非常清楚它需要內在修練是毫無疑問的。

4. 變革源於領導者的偏執狂

英特爾(Intel)前總裁安迪‧葛洛夫(Andy Grove)有句名言：「惟『偏執狂』得以倖存」(Only the paranoid survive)，暗喻領導者應具有「偏執狂」的態度，特別是在十倍速的今日，更應偏執於對趨勢的瞭解、對未知威脅的預知、且勇於改變的魄力……等，才有優勢以領導變革。

其中，日本同和礦業社長吉川廣和，即為一例：

2002年四月，日本最大冶煉廠──同和礦業改由吉川廣和擔任社長一職。當時，社長辦公室外設置一秘書室，任何人有事要見社長，都必須先經過秘書室通報，才可進入，無形中也造成上下階層的隔閡與距離，因此，吉川上任第一件事，就是要求在三天之內，將社長室與秘書室間的牆壁打通。

結果，短短一年半的時間，社內約有六面大牆、五十幾個半牆式的隔間，完全被破壞了；而過去向來待在辦公室內，足不出戶、高高在上的董事們，也開始走出辦公室，和員工們進行溝通、對話。吉川打破的不僅是牆，更是組織間的階級關係，加速組織扁平化的形成。

另外，同和礦業是以採稀有金屬礦為主，是屬於非鐵的貴金

屬礦，不過，由於數量較為稀少，所以利益增加有限；吉川廣和體認到這一點，於是，再生利用家電內含的貴金屬，並逐漸增加如電腦、手機、汽車……等廢金屬料的回收(recycle)。

據瞭解，同和礦業因回收所獲得的利益，1998年達63億日圓，到了2002年增加了一倍，高達120億日圓。同時，回收部分的利益占總收益的三分之一。同和礦業並表示，未來如再加強廢金屬的回收利用，三年後經常利益還要往上提升，預估可高達250億。

事實上，同和礦業原本是一家相當優秀的大企業，只不過時間一久，沒有隨時警惕、改變，自然容易養成大企業病的惡習，這也是組織變革最大的危機。吉川廣和有感於此，所以，堅持打破組織階層、將組織活化，終於帶領企業再度活絡與復甦。

我常說：人的思維如不改變，要談組織變革僅僅是空談而已！其中，領導者正是變革的關鍵。所以，我相信一個有能力的領導者，無論是面對多腐敗的國營或民營企業，只要秉持一股狂熱與偏執，相信自己、做出正確的決定，就絕對沒有救不活的企業！

5. 最高領導者是教練

　　高層領導者是企業的靈魂，我常在演講場合上提醒企業最高領袖：不要當警察，而要當教練，因為警察抓你做錯，而教練使你做好。這樣企業的經營才會有活力。

　　也有很多大陸或臺灣的董事長或總經理，會在交代一件工作後，不放心而常常「關心」，結果，員工一方面感受到完美演出的壓力，一方面承受不被信任的感覺，往往更沒辦法把原本遊刃有餘的工作做好！這時候老闆更相信沒有自己事情都辦不好，所以，稍加訓斥員工的成事不足後，把事情又拿回來自己做！這樣的董事長當然辛苦！

　　我要強調的是組織成員的角色與關係，特別是各領導層的互動模式。工業時代經常強調由上而下僵硬的組織框架，在過去或許適用，但現在面對更快速變化的環境，應改變而以彈性的方式增加透明度，如信賴授權來增加組織的靈活性。

　　過去我在奇異電氣（GE）公司服務時，曾與一家企業有過技術合作，那就是Asea Brown Boveri企業(ABB)，她現為世界級的電力技術大廠。就是充分領略這個道理而獲致成功的企業。

「公司處處是官。」

他們不是所謂官僚，而是決策下放。將地區與部門經理人視為創業家，而非傳統的推動管理者。使經理人不僅擁有公司提供的資源，還有相當的決策權經營公司。所以他們幹部不能光聽命行事，還得積極參與。各營運中心的管理幹部，也被授權以團隊的方式，界定公司的策略及運作。ABB建立一個能充分發揮力量的組織，讓組織上下能知識交流。使幹部都能獲得領導人的權力，成為公司發展的推手。

總裁Percy Barnevik說此為「三三三一法則」。30%的人強迫退休或離職、30%的人派駐至前線營運公司、30%的人調至提供服務的獨立公司，只留10%的人在總部。

因為有好的機制文化，他們位於瑞士的總部還不到150人，僅四層管理機制，卻足以管理四大事業部、60個產業下1300家營運中心、6000個利潤中心，年營業額高達300億美元。

Percy Barnevik還很得意地說：「就算我出差，公司事情還是一清二楚。」

事實上，最高領導者要以教練自居，讓公司各級員工各司其職，好好將最好的創意發揮出來，使得公司朝大家共同的願景成長。所以，我以前在主持「將帥營」時，總是再三告訴參與的董事長、總經理，最高明的董事長應該是多多去打高爾夫，把公司交給員工們盡情發揮，就是這個道理！

6. 授權的「尺度」

　　主管對於部屬最重要的工作是：授權與培育。但是大部分主管總是對授權感到困惑，不知道所謂的授權「尺度」在哪裡？

　　有許多主管不信任部屬的能力，覺得與其授權或交辦，還不如自己完成的快。或者是已經交辦了部屬，就不斷地去詢問進度，如果同仁沒有給滿意的答案，可能就在未通知同仁下逕自去完成。這時同仁心中會有何感受？是不是會因為挫折而變得消極，在部門內養成這樣的風氣之後，以後不管遇到什麼任務，都不會有同仁會主動參與，而這種主管不僅會累死自己，部門績效也一定不會彰顯。

　　事實上，我相信這樣的主管是有長處與能力，也確實因為熟悉業務的關係，自己來做可能會比同仁快，但是不培育部屬，不給同仁嘗試的機會，同仁們不僅不會獲得工作上的成就感，也不可能成長，自然這樣的主管也就不會有提升的機會。所以主管必須有能力發揮與藉著團結合作的力量來完成任務。

　　授權必須一以貫之，但是有些主管會將同一件事情授權給不同的同仁負責，形成同仁雙頭馬車，公司資源浪費的情況。當然這有可能是無意的，主管可能只是在口頭上跟某一位同仁講講，

沒有授權要他負責的意思，但是同仁可能在主管語意不詳的情況下，以為這是主管交辦給自己的任務就開始去做，後來才發現主管已經把這件事情交辦給他人去做，想想這位同仁心裡的感受是什麼？所以主管授權一定要清楚明白，絕對不能含糊其詞。

還有最壞的情況下是主管蓄意，這就是利用不當權力與政治手段的方法，因為重複授權使得同仁產生工作上的嫌隙，目的是讓其中的同仁難堪或知難而退，這種主管根本就不適任當主管。

我想主管必須建立起與同仁之間非常暢通的溝通橋樑，要能懂得培育部屬，讓部屬成為敢下決定，並能夠勇於承擔責任的領導者，如此自己也才有不斷提升的機會。

所以，我認為只要同仁有足夠的能力，也有承擔責任的肩膀與勇氣，就應該充分的授權，但這並不表示就放手不管任其自生自滅，而是必須在授權的同時，讓同仁清楚地明白，當遇到無法解決的困難時，一定要懂得求救，讓主管適時的給予協助。

但是求救也有時機，應該在開始進行專案前或初，就要能評估到可能面臨的風險與問題，而不是等到最後任務無法完成時，才求救或提出困難，這時公司就會承受莫大的損失，主管也必須要避免讓同仁發生這樣錯誤。

7. 改變企業文化的領導力

　　很多投資者看企業都是在看它產品賣得好不好，很多市場分析師常討論的是公司經營策略好不好，但我認為這些在層次上都屬於是令投資者滿意的「果」，那什麼才是企業的「因」呢？

　　就是看經營者這個人，他的人格、作為與影響力，最重要的是他如何去塑造與改變企業文化。

　　日前，提到有日本半導體救星之稱的阪本幸雄，他出生於1947年，很多日本媒體都是以他的績效來誇他。然而，我看的是這個人改變企業文化的能力，體會到他確實有這個經營的能耐。

　　事實上，在這之前，先提他過去的經歷，可進一步瞭解他為何改變的基礎：1970年自日本體育大學畢業，旋即進入日本德州儀器，從1972年起一路高升，曾調回美國德州總部任職，91年回日本德儀任董事，1993年更升副社長。1997年日本德儀與神戶制鋼合作成立半導體公司，但由於神戶製鋼官僚文化嚴重導致最後轉賣給美國企業，但這個事情上讓他學到很多；在德州儀器任職二十八年，深受德儀美式企業文化的影響。

　　2000年，任聯電合併新日鐵的日本社長，一年後轉虧為

盈，並且一舉將新日鐵市值推上日本店頭市場的前五大。而2001年Elpida Memory公司社長，即憑每月銷售額從35億日圓到100億日圓的績效，成為日本媒體眼中的英雄人物。

他成功引領Elpida變革的重點如下：

一、簡單、明確的行動力。他跟同仁說：一年以後要有結果，一半的產品要世界第一，所要求的就是果敢行動。故開會一定要有結果，會議時間不能冗長，要在一個小時內結束，這樣才有效果，讓每個人掌握自己的時間，書面報告一定是A4格式一張，不需要長篇大論，只要寫一頁式的重點，讓上司一目了然你的想法與執行力而做快速回應與溝通。這與我的想法不謀而合。

二、排除官僚。他要求同仁，彼此間不要以頭銜稱呼，而僅在名字後面加上「桑」(日語指稱為先生或小姐)就好。他相信如果只是重視頭銜與排場，對企業一點好處也沒有，因為將會阻礙決策與創新的能力。

三、重視成果主義。他認為過去年功序列等注重學歷和年資，固然是日本階層社會的一部分，但現在已經失去意義，如果你有能力，就重用你，讓你可以爬到高層，展現你的本領。他自己以身作則，他說在景氣最差時，就是最好的投資期，這樣可以明顯看得出成果，如果沒有就該辭職。

四、成本利益導向。他提出一半在本廠生產，一半委外至大陸生產。目前生產手機記憶體占60%，數位相機記憶體30%，

10%是其他記憶體產品，這些作為都是基於掌握自己Know-how而得出「成本利益導向」的做法，讓每個人都有這樣的意識與行動力。

所以，當看到最早研究知識管理的一橋大學教授野中郁次郎說他是「會社最高人才」，令我不禁點頭稱是。

8. 經營者，你做了必做的事嗎？

　　現在聽到很多人在對話，都說工作忙得喘不過氣。有位老總就跟我說：「整天忙個不停，開會、講電話、批看報告，手機也一直響。」而且他還得意地說：「我把精力發揮到極限，每天都可以做一大堆事。」

　　但也不免跟我抱怨：「我辛辛苦苦地工作、犧牲個人生活，都沒有時間去從事自己的興趣。」看著他一邊講一邊手機跟著響，當下心裏想問他：「你所做的是最重要的事嗎？」

　　絕大部分經營者都很想努力把事業做好，但是為何有些看似忙碌的經營者所領導出來的成績，還是很難看呢？

　　我認為關鍵在他們沒有區辨出「必須做」(must do)與「把事情做好」兩者的差異，身為稱職的經營者就是心中必須清楚什麼是最重要的？懂得在很多事情中挑出最該做的，也懂得授權部屬把事情做好。

　　《與成功有約》一書的作者史蒂芬‧柯維(Stephen R. Covey)，就曾提到他一個朋友的故事。

　　朋友受聘擔任一家大學商學院院長。他上任就先研究發現學院最迫切需要的是資金。他認為自己長處恰好在募款、社交上，

於是很明確地將募款列為must do，傾力到處募款，由於經常不在辦公室，竟招致他們學校教授的誤解，因為過去的院長工作重心都以院內的日常事務為主，這些教授一狀告到校長，要求院長徹底改變領導方式，或是更換院長，但校長明白他的作為，便說：「別把此事看得太嚴重，再給他一些時間吧。」沒多久，當外界的捐款開始源源進來，教授們才恍然體會到院長的用心。

如果這位院長只想做符合旁人期待的樣子，我相信他可以做好也較容易，但這對學院的未來是有利的事嗎？對這些教授會是真正有益的嗎？

所以這個故事就告訴我們：領導者在做決策時，一定要跳開既有的框架與包袱，去思考什麼是對這個組織最有利的事？挑出來優先做，而不是把自己陷入一堆堆事情中，看似很忙事實上是讓該做的事失焦了，這也是我一直以來在演講中，告誡經營者的地方：懂得做對事情，用對人，使他們幫你把事做好，你每天就有時間打高爾夫球！

9. 儘速培育接班者

在使用電腦時，最怕的是斷電，將導致系統運作中斷，無法使用。而對一家卓越企業來說，為維持永續經營的能量，最怕「斷電」指的是什麼呢？

我說就是沒有優秀領導者接班。

如果一家企業現僅有一個傑出領導者，沒有培養人才，絕對會是危機！也就是現任領導者沒有在上任一開始就培養年輕接班者，一旦發生意外去職，整個企業運作將立即面臨群龍無首的局面，對企業營運產生無法彌補的破壞。

海鑫是中國山西第一大的民營企業，就面臨這樣的課題。

本業是鋼鐵的海鑫，在創辦人兼董事長李海倉的成功領導下，現有9200位員工，2003年可達成260萬噸鋼、260萬噸鐵和220萬噸鋼鐵綜合材料，資產逾四十億人民幣。但李董事長突然遭人槍擊傷亡後，其企業90％股權與領導職位，頓時誰來接班？誰來繼承？成為組織內人人關心的課題。

在他猝死一個月，在沒有遺囑的情況下，經由其幾位重要幹部討論，請他兒子──年僅22歲的李兆會繼承，李兆會在他父親安排下在澳洲留學。在一個月內能圓滿落幕繼承事件，歸功於

李海倉先前建立的企業文化。但誠如一位幹部說：創辦人地位是無人可替代。當然他兒子就任後也還要面對很多問題。

事實上，這個實例告訴我們：

一、在任何職務上培育你的接班者。很多經營者都說要永續經營，但又擔心萬一栽培的人跑了而不願下放權力，但我必須說這是短視的做法，因為人是企業競爭力最珍貴的資源，你必須像農業栽培，在各個職務上都需要有這樣的想法與行動。也就是說，時時就要有找接班者的打算，領導格局才會大，企業才有永續經營的機會！

二、有計畫與步驟的培養。就是逐步授權讓有潛力的接班者學習成長，比方參與經營決策或者負責某些業務執行副總，從單一項目到全面賦予CEO重任，時間從一星期、一個月、半年，讓他具備掌舵的能力。而且同時培養多人，重視他們，讓他們有發揮的空間，不會因為你離開就無法經營。像奇異公司前總裁傑克‧威爾許就是從三位候選者中選出梅依特任新總裁，繼續領導成長。

三、形成以人為本、願意認同企業的文化。有些人以為領導者建立領導魅力就可以讓他們跟隨，但我也必須說這是不夠的，應該養成認同企業而非個人崇拜的價值觀，如此即使領導者個人出走，也不會造成企業人心崩解。企業懂得「識才、育才與留才」，同時你也要實質激勵他們，你愛你的員工，你獲得最多。

10. 領導者對部屬該不該生氣？

生氣是一種負面能量的傳遞，對於急需建立熱情團隊的企業，領導者對部屬的生氣純然會是一種熱情的遏阻？還是屬於一種建設性的破壞呢？

最近，在對經理人演講中，我提出領導者應內向修練，這是屬於自我反省與認知的「悟境」層次，也就是EQ能力的提升，但有聽眾就以為產生EQ就是心平氣和的錯覺，而一直問我如何控制情緒之類的事。

當然對領導者而言，是不能隨便將自己的怨怒發洩在部屬上，那為情緒失控，也是濫用權力；特別是當一個人在憤怒的時候，他不僅失去思考的能力，同時也失去學習的能力，而且也失去從過去的記憶當中，去搜尋過去記憶的能力。

所以為什麼在生氣時千萬不要作決策，也就是這個理由，因為人在生氣的時候，也等於失去了自我。但這也不意謂著：對非合理與違逆領導原則的人事與組織文化就該表示靜默，冷靜處理即可。

西方哲學家亞里士多德就曾對生氣下了註腳：「對於任何人來說，『生氣』是一件極為容易的事；然而對於生氣的對象、程

度、時機、目的以及表達方法等掌握都是一件不容易的事。」
(Any one can become angry-that is easy but to be angry
with the right person, to the right degree, at the right time,
for the right purpose, and in the right way, this is not easy.)

事實上，我不鼓勵生氣，但僅有為領導的是非原則而適時的
表達生氣，是愛部屬的表現，這樣不說反而是種鄉愿！

像遇到很會要賴、不認真的員工，一而再、再而三屢碰「誤
區」，而且是相同的錯誤重演，這時你的生氣就是一種警示，提
醒他對於工作無法盡職、沒有投入，讓他知道自己的缺點，甚至
讓他傷心才是領導者生氣的目的，因為這麼做是讓他牢記，他犯
了錯誤，有進步的空間，但不是針對他個人。

所以我說該生氣而不生氣不是稱職的領導者，我相信這屬於
是一種建設性的破壞。如果員工處處認為自己錯誤不重要，那
麼，這個企業要如何永續經營下去呢？

11. 如何帶領部屬形成「學習型組織」？

有位公司主管問我：雖然很有心想要帶領屬一起學習，但部屬們總是以十分忙碌來虛應，要他們學習新知、嘗試改變現狀，似乎成為不可能的任務，因為沒有人可以有時間去注意「改變」這件事，當我想引進新知識、成立讀書會時，大家的反應也很冷淡，最後都以「我哪有時間再做這些閱讀」收場，不知道有什麼辦法可以解決這個問題？

我認為這是沒有真正養成學習習慣所致。

關鍵在於認知。亦即，把急事當成最重要的事，把學習當成苦差事而應付了事！

有些員工很努力的想把事情做好，經常加班，老闆也很鼓勵，但若仔細觀察，你會發現這反會是增加工作成本、欠缺效率的展現。

為什麼要學習？事實上，領導者必須讓員工明白：學習就是要創新，就是要幫助我們(個人與公司)能在最短的時間內創造最高的利益，以增加我們的附加價值。

基於這重要性，形成「學習型組織」須有以下的元素：

一、從領導者做起形塑風氣。我常告訴部屬：一天二十四小時，你工作很忙，但忙到連三十分鐘的時間都沒有嗎？這是一種藉口。以自己為例，我都是利用零碎的時間看書，比方坐車時間、飛機上，成為「不可或缺」的生活習慣。所以它不是一種形式，而是態度。

二、建立與員工有對話分享的空間。閱讀只是學習的一小部分，透過對話與分享更能有效的學習，所以要塑造一個真誠溝通的環境，在這裡每個人可以不受職務所限，講出他們的見解、分享他們的失敗與成功經驗，增加「智慧資本」(intellectual capital)。

三、獎勵創新。倘若學習僅僅是為了知道，這並不是最重要的，重要應在於學習之後產生新的經驗，改變我們自己，能夠以不同的角度來看待事物，並且藉由多種角度的觀察發想出各種不同的解決辦法，因此以實質方式獎勵員工創新是非常重要的事，以讓員工的學習成果與公司成長接軌。

四、善用網路做好知識管理。公司每個人都可藉由網路資料庫快速得到內部最快的知識，即時因應顧客的需求。

最後我必須強調：忙碌不是一個好藉口，當你將忙碌琅琅上口，也同時表示你對工作無法得心應手，得加緊學習的腳步。

12. 重視「化繁為簡」的領導能力

「我們的未來並不在未來，未來是在今天，如果今天我們不做準備，到未來才開始準備當然是來不及，所以領導者必須把這樣的觀念，從現在起就要傳遞給他們。」但在我輔導企業的經驗裡，卻發現有些領導者本身學識涵養很足，其員工卻常常聽不懂他的意思，造成溝通的障礙，這是什麼問題呢？

我發現有很大原因是，這些領導者常說得多又雜，犯了無法「言簡意賅」的毛病，換言之，就是缺乏「化繁為簡」的能力。

我相信，在現在資訊爆炸的時代，身為領導者光是得到資訊並沒有多大作用，必須自己消化吸收後，將有用的部分傳遞給部屬，我也相信，一個優秀的領導者背後都有一套非常深層的信仰，但是他告訴部屬的話，則應該用最簡單的描述或適切的比喻，讓每一個員工都能夠瞭解、服膺，而努力的朝著那一個方向來努力。

事實上，如何把複雜的事變簡單，是當今一流領導者共通的標準。

我在奇異的老長官前總裁傑克·威爾許，就是這種典型。他

在1980年代上任後五、六年，有感於這是一個龐大的官僚機構，乃要推動大力改革，但遭遇員工的阻力很大，成效不彰。

因而如何把他的理念使員工明白接受，成為他苦思的課題。在一次海邊渡假中，他一望無際的海景觸動了靈感，想到用 "boundaryless" (無疆界)一字，作為他告訴員工組織變革的核心價值，簡單明確的建立起員工變的意識，也造就了日後維繫世界第一的基礎。

很多人聽完我的演講，也會問：你是如何把這麼複雜的東西說得那麼清楚、簡單。我總告訴他們：

一、用新眼睛：我常說「自己像三歲」，這個意思是用新眼睛看世界，時時吸收新的觀念。

二、用心：將你所汲取的資訊融會貫通，你就懂得用簡單的話說出別人認為是很難的東西。反之，如果說不出來，則可能要再思考反省到底懂了沒有。

三、關心：無論在演講或輔導企業的場合，我總是秉持「關心人、關心地球、關心明天」的信念，也常比喻自己是「新思維模式的拓荒者」，替顧客設想，無形中更增加「化繁為簡」的能力。

13.「聽」是領導者最重要的修練

英國已故首相邱吉爾曾說過：「勇氣就是要能站起來大聲地講出自己心裡的話，同時也要能靜下心來聽別人說。」這是一句發人深省的領導箴言。

在輔導許多企業的經驗裡，我發現一些領導者以為「給予」就是單方面的傳達你對企業的價值與理想，對於同仁的意見、反應與感受，則往往輕忽略過，因而所得到的迴響常常少於預期，也連帶影響到本身的領導力。

我也發現，一般MBA與企業教育訓練的課程中，大都僅著重在表達能力、口才訓練方面，忽略聆聽習慣的養成，在這樣的環境「薰陶」下，容易形成領導心智(EQ)的偏差。

在此，為什麼要強調聽的重要？

我想，人最大的缺點是精於看別人的缺點，並沒有用心去理解別人所講的。特別是當領導者在享受權力果實時，若不懂得自省、聆聽意見，權力的腐敗就油然而生。而在當前急速變動的環境裡，領導者若不懂得聽，就不能有效掌握資訊，若聽不見一線員工與顧客的聲音，便無法在之後做出及時反應市場的判斷。

奇異公司前任總裁傑克‧威爾許在1995年推動「六標準差」（Six Sigma）品質運動，為日後奇異帶來極大利益，就是他懂得聽下屬意見的結果。

其實，推行六標準差這個建議案起初由1990年時任副總裁的勞倫斯‧帕西蒂向傑克‧威爾許呈報，但傑克一開始是採保留態度，認為這並不同於奇異現有的經營思維，尚且當時利潤還在成長，品質在業界享受聲譽，所以暫時擱置。

1991年，勞倫斯轉任聯合信號公司總裁，並在1994年推動六標準差，是年除了獲得140億美元收入，另節省4億美元開支，並把這樣的成績告訴傑克。

傑克明白自己的想法錯誤，並隨即對內部採取問卷調查，員工對其產品和工作程序的質量並不滿意，而員工的抱怨也成為他決心推動六標準差的動力。

因此，真正的給予是從溝通建立共識開始，重要的是，溝通並不是用耳朵聽，而是要用心聽：真誠去面對困難挑戰；關心和尊重對方；以每個人的尊嚴去建立相互間差異的橋樑。

傾聽能力等同於學習力、領導力、EQ與實踐顧客滿意的能力。所以我說：不懂得聽就不是個好領導者！聽是領導者最重要的修練！

身一個為領導者，你每天用心聽了多少？不妨在開會前多想一想！

14 最強經營者的危機感

　　豐田汽車總裁——69歲的奧田碩，2002年5月剛新任經團連與日經連(日本民間兩大經濟組織)合併後的JBF首屆會長，他在日本政商界頗負名望 (像經濟財政的諮詢會議成員、財經的意見領袖等)。最近，他逢人就說：龍的中國、鷹的美國以及經濟低迷的老鼠小國——日本，來傳達他對日本經濟的擔憂。

　　奧田碩認為小泉政府提出將民間資產三成國家化，這種措施縱使可以寬鬆政府財政，但對於銀行與企業個人是非常的不利，因此，呼籲日本人應深具憂患意識，時時刻刻設想最惡化的情境而有最壞的打算。直指：G7國家中財政最劣、信用最差的就是日本。他的說法得到日本很多民眾的共鳴與迴響！

　　事實上，奧田碩所領導的豐田汽車是日本賺錢最力的公司，2001年企業利益達1兆日圓，而現金資產更達2兆日圓。豐田的市場價值13兆是汽車業Big3(福特、通用汽車與戴姆勒克萊斯勒)銷售量的總合。

　　依此，他理應對豐田的成就感到心安理得才對，然而他卻一刻也不敢大意。

　　例如在1998年，豐田汽車的國內市場占有率為39.4%，首

度跌破40%。究其原因，主要是21～30歲的年輕顧客占有率僅有30.8%。當時任豐田汽車總經理的奧田碩就對此感到相當憂心，因為年輕人不感興趣的話，將來消費者對豐田汽車的需求勢必會持續銳減。於是果斷採取行動，重用年輕員工組成一個虛擬創新小組(VVC)，將可能發生的危機提前解決。

目前他對於所經營的企業與日本經濟一樣有高度危機意識：

一、提出No.1的豐田式經營理念。雖然豐田的市值是業界的龍頭，汽車品質也是世界級水準，但目前豐田產能仍落後通用汽車(豐田年產600萬輛汽車，通用汽車則年產900萬輛汽車)，所以他提出願景：2010年成為世界真正最大的汽車企業！在行動上，他保障日本員工本身僅做350萬汽車，而其餘全交由國外工廠生產。

二、分析日本企業的沈痾。一般日本企業的與企業附加價值，用百分比來衡量比其他國家高的太多。尚且，日本企業現呈兩極化──好的很好、差的很差，但如此差異性過大，政府若全部都想救，無法集中資源，反而會使體質不佳的企業拖累具發展力的企業而影響整體競爭力。

事實上，日本的經營環境惡化也是企業不振的理由。像物價指數過高，平均薪資卻長期處於零成長，造成消費購買力下降，影響經濟甚鉅。比方日本國民所得排名世界第四，但購買力卻僅世界第八；美國民眾所得平均以100元計只需12元即可生存，而

日本卻需18元才可生存。

　　奧田碩領導最強的企業，也最具有風險與憂患意識，表現出一流企業領導者的前瞻、國家觀與不自滿的特質。對於華人企業者來說，其人其事，無疑是一個學習的典範！

15. 領導不一定是專家

1985年，奇異公司前總裁傑克‧威爾許以六十三億美元收購美國無線電公司（Radio Corporation of America；RCA），以取得他們旗下的國家廣播公司（National Broadcasting Company；NBC）時，評論家譏笑他：「一家電燈泡公司收購電視網事業，究竟有沒有搞錯？」

經過一年的整頓，這個「外行領導內行」的交易，卻為奇異公司賺進十三億美元，並為奇異日後的電視網事業、醫療事業及全球性衛星公司奠下基礎。

一般人常認為好的領導者一定要由專業技術領域的專家才能勝任，但從這個例子，可以發現：「技術」與「領導」合而為一的思維應該要打破！

我認為，好領導不一定要是專家！

這道理，正如在場上表現優異的好球員褪下球衣，不一定能成為球隊背後提供心靈激勵和統御指揮的好教練是一樣的道理。在產品研發上，技術是具有決定性的部分，但一個產品的產生，並不只有技術而已，還需要製程相關人員齊心合力才能達成。領導者在組織中應該發揮的作用，便是領著一群人，讓他們貢獻已

力，達成組織目標。領導與技術研發在組織中各有功能，又怎能混為一談呢？光有技術的領導，帶人不能帶心，是不夠的！

我觀察許多組織的升遷管道，發現他們總是將技術專家直接擢升為領導階級，美其名為高升，實際上卻扼殺專家發揮研發的專長，只能在管理方面用心，浪費了人才。我曾經輔導過軍隊組織，便發現他們常將部隊中的優秀人才送到國外去學習最新軍武科技產品的使用與研發，但是回國之後卻把他們升為管理職，雖然坐領高薪，卻只有管管人事而已，真是「英雄無用武之地」！

我很鼓勵組織效法奇異的制度，將公司分為管理和技術兩種陞遷方式，讓具有技術的專家可以依據他們的興趣，選擇進入如技術研究所的機構專職研究或是轉任管理職務。在研究的陞遷管道中，不僅在薪水上可以比管理階層高，在職位上最高也可以升到技術副總的階段，與執行長平起平坐。

這種方式有點像醫院的制度，院長不一定出身醫學院，但他專責醫院經營走向與各部門的協調合作，而醫院下設的醫生則在醫學研究領域鑽研，院長並不比醫生權力大，而醫生的薪水也不一定比院長的薪水低。

我相信，如果真能把「領導」與「專業」分離的制度帶進組織，專業技術人才便不因升至管理階級問題而中斷研發專長，而領導者人選的選擇也可突破專業技術背景的限制，大膽啟用專業經理人了。

16. 領導者的真智慧

　　我曾經，收到一位讀者來信，信中道出目前主管在管理員工上的無力，他做了一個比喻：「『牛』如果不吃草的時候，你該怎麼辦？當『牛』脾氣一發，你是一點辦法都沒有，拉也拉不動，搞不好還『鬥』你呢？」

　　此外，他又提到「人的學習與潛力往往就是在於你真正『想要』的時候！當你買了股票，你開始會去注意這家公司的經營績效，因為你想要這支股票幫你賺錢……，如何幫員工找到他『想要的』倒是相當重要的課題！」

　　我認為要幫助員工找到他「想要的」，其實只要有心並不困難，而最困難的部分在於將員工「不想要的」轉變成「想要的」，這才是真正考驗領導者智慧的地方，也是最重要的課題。

　　為什麼我會這樣說呢？

　　因為員工「想要的」，是可以說出來的，企業主若有心想知道，事實上是很容易的，但是，企業能不能提供滿足？又滿足後是否能讓員工盡心於崗位上？這些問題的答案都值得保留。例如：員工提出想要「高薪水、高福利」，就算企業果真提供了，但能保證員工竭盡心力的為公司付出嗎？看看目前，部分公務人

員在處理事情、服務民眾上散漫的態度，結論便可窺知一二。

「想要的」正是人之慾望，說出來也許很容易，但要達到完全滿足卻相當困難，何故？因為人性「貪」念作祟，使得追求外在物質行為永遠無法獲得滿足，就算是一時被滿足了，也僅僅只達到人類滿足中的一小部分而已。

人類最大的滿足感，是源於心靈層面，亦即內在精神上的滿足，身為領導者應該想辦法去滿足員工的這塊空缺，如：讓員工從「不想要的」工作事務中獲得成就感、榮譽感、自信心……等，久而久之，員工自然能以追求工作成就為目標，而不再將工作視為苦差事。所以我說，把「不想要的」變成「想要的」，這才是一門重要的管理學問，而領導者所展現的智慧正在於此！

此外，領導者必需建立願景(vision)，給員工一可預期實現的目標，然後激勵員工，使其產生「活力」，同時引導他們願意去學習、改變，以獲得滿足，如此，員工才能將「不想要的」變成「想要的」、「不喜歡的」成為「喜歡的」，逐漸地凝聚共識，建立起企業文化，使個人成就和公司組織目標逐漸趨於一致。我想，這才是重要的！

17.「深思熟慮」的真諦

凡事都要「深思熟慮」，通常這是我們常聽到對領導者的勸誡。然而，我們也發現很多人很誠懇的聽進去，但最後的決策效果，還是不盡理想，這到底問題出在哪裡？

我認為問題出在對深思熟慮的意義欠缺深思熟慮！

事實上，深思熟慮絕非「優柔寡斷」，在時間壓力下也無法「漫長思考」，最重要的是追根究柢的「問」。一層一層地追問下去，並確認它。

「假如是這樣，可能發生什麼？」

「然後可能怎樣？」

「然後又可能怎樣？」

這樣一直追問下去，直到找到清楚的答案為止，這才算是「深思熟慮」。

當然，我們必須很誠實地問：是不是真實的。如果答案是「沒有」，那一切都是假的，你必須放棄已做的決定。如果答案是「有」，那你可以再找更多的資訊，自然其他的選擇就會呈現。

同時我必須強調，要養成一種好奇、求新的習慣，來看任何的事情，不要被既定的習慣領域所壟斷。

比方「大小」,一般人的觀念是用尺量。但事實是如此嗎?

「74分42秒」是現在一片CD的容量,這樣的錄音長度剛好可以完整收錄貝多芬的第九號交響曲。而這個「大小」的決定,這是當年日本SONY總裁大賀典雄所定下的規則,這個決定是當時研究團隊的領導者問他當指揮的好朋友唱片應該的「大小」。他的好朋友表示,現在唱片都太小了,沒有辦法把貝多芬第九交響樂灌成單面,因此唱片的大小,便是能把貝多芬第九交響樂錄進去的大小。

因此,CD技術標準可說是問出來的。

所以,任何較好的決策或有效的決策都是建立在「問」的基礎上,而且領導者需要有誠實與求變的特質,方為「深思熟慮」的真正內涵。

18.「有容乃大」的領導哲學

一般人聽到「有容乃大」這句話，常會認為這是闡述「包容」的一個老掉牙辭彙，但我認為當個領導者，立刻想到「授權」是最起碼的條件。

我的老長官趙耀東先生就曾經對中鋼上一任王鍾渝董事長說：有容乃大要絕對授權，不要以為官大學問大，無所不能，對總經理、副總經理要恭敬要拜託……。過去，他也對我說過：「無私無我」是我們上一代最寶貴的資產，有我存在，就沒有他，就不懂分享，不知王鍾渝這一代懂不懂？

趙老的用意極深。

事實上，很多企業有個共通看不見的問題：企業家與專業經理人彼此互信不足。也就是領導階層的權責不清，又猜疑對方，而下面員工因此常搞不清楚真正的方向，以致於影響企業的運作與發展。

我認為企業要成功企業家與經營者可說是缺一不可；一個稱職的企業家應該是站在制高點上當領航者，像燈塔般提供船隻正確方向，而專業經理人就如每艘船的船長，負責實際的經營執行，當中，無私、信任、授權的企業文化是成功的關鍵。

　　像日本的伊藤榮堂，它的創辦人伊藤雅俊先生就是一位真正的企業家，他一直為企業提出方向，找了一位鈴木先生來作經營者(現為伊藤榮堂社長)授權他從美國引進7-11，把公司管得很好，從小店舖便成5兆日圓的企業體。7-11在日本經營得非常成功，但是在美國卻失敗了。為什麼呢？因為有了一個好的觀念，還需要有人能夠將觀念作完善的執行，伊藤以無私的胸襟充分授權，就是最好的例證。

　　所以，有人認為領導力是想要擁有權力、控制權及享受服務的東西，事實上這是一種錯誤，真正的領導力是賦予他人權力及服務他人。所以我常向許多董事長說：懂得給予(give)，你將獲得最多。這就是有容乃大的真諦。

19. 塑造容納「怪才」的環境

　　在企業組織發展計畫中，我們可以看到很多內容都有創新的主張或宣言，內載以創新為競爭力，然而，觀察這些主張創新的老闆，有些在實際的言行上，還是讓員工感覺要聽話的訊息，或是該組織每個人想法趨於一致，很少有新的點子，類似這種現象若一直存在，會讓組織不斷湧現創意？

　　我曾訪問山東國營企業時風集團，在邀宴上，他們的劉董事長說：「在我們公司最大的不是總經理，而是能夠發出不同見解的人。」這讓我十分佩服。他還說，他的老闆說他不聽話，我特意在餐巾紙上寫了「異見」二字，因為異見才會真正產生價值。

　　事實上，我過去就說過創新的內涵就是要和別人不同。如何讓點子能相互激盪，最後形成顧客喜歡的新商品，第一步就是要建立容許異見的文化，因為如果組織同質性高，都是一種一言堂的思維，絕對會構成創新文化的破壞元素。

20. 領導能力需要「內向修練」

　　美國知名領導學家華倫‧班尼斯說：「領導行為與愛情差不多，人人都知道它存在，但卻難以說明清楚。」

　　所以有人認為領導是天生的，也有人認為領導是一種技術，有人認為領導可以藉由學習更為精進，亦有人說領導是一門藝術，答案倒底是哪一個？事實上，對於領導的定義，我看過不下上百種說法，但是都無法將領導二字詮釋清楚。

　　過去我曾幫助台灣上百家企業舉辦過共識營課程，我對其中一家企業印象非常深刻，原因是這家企業的董事長非常年輕，當時他僅有35歲，事實上，他接任董事長職務時也僅有25歲，為什麼他這麼年輕就當上董事長？

　　是因為這是一個家族企業，他的父親本來是公司的董事長，但是卻在突然的情況下去世，他就在一時之間從學校學生變成企業董事長，從來沒有工作經驗的他，對於經營只有陌生與惶恐！

　　確實，過去他的父親經營時，公司每年營業額約為十億，但是他接手經營之後，經過十年營業額卻僅剩一億，員工看到公司幾乎搖搖欲墜，所以只好向我們求援。

　　經過我們的診斷，我們決定幫這家企業舉辦共識營。共識營

是針對企業成員對特定議題形成共通看法及意見的一種教育訓練模式，屬於組織學習的一種方式。並藉由化解內部的歧見，突破成長的瓶頸，成功的進行變革、落實策略、調整組織或改造企業文化，換句話說，就是協助企業進行變革、改造。

而我們對於「共識」的解釋是，由組織內的成員共同來做決定，雖然在這個組織中，有些成員並不認為這是最好的決定，但是他們仍能接受、支持，並對這個決定作出承諾，戮力奉行。這個決定並非經過投票表決產生，而是經過公開討論，廣徵意見後而獲得的結果。

也就是企業領導者與組織內所有參與者都必須放下頭銜，沒有個人的成見，每個人有愛心互相尊重，坦誠地對待他人與不同的意見，並且敏銳地察覺對方的反應。如果每個人對這個過程所達成的協議和決定感到滿意，即能達成共識。

結果這家企業的許多員工在表示意見時，都對這個董事長表示不滿，而這個董事長只是靜靜的坐在位子上聽大家的意見，最後這個董事長起來說話，他說，他將公司經營到現在的處境，讓大家對他感到失望，他非常的抱歉，他很高興大家願意說出真心話，讓他能夠反省……。在這個董事長一段感性的談話之後，許多員工紛紛站起來表示，他們將忘掉過去，跟隨董事長努力向前。

事實上，這位董事長相當不容易，他所表現的不是大發雷

霆，或者是揚長而去；而是面對現實，坐在位子上傾聽，虛心接受不同的「異見」，這就是領導者應該具有的胸襟。

我舉出這個例子是要告訴大家，領導不是天生的，不是你擁有頭銜或位置，就能擁有領導力。領導力是需要後天的學習，但學習有很多方法，訓練也是學習的一種方式，但是領導絕無法僅用訓練可以獲得。

我不否定技巧的訓練，像工廠操作，現在都是一天24小時運轉，除了應有的防呆措施，你必須訓練輪班人員嫻熟技巧，才可避免停機故障所造成的巨額損失，而馬戲團的獨門絕技、啦啦隊舞藝展現，甚至動物也是一樣都可不斷訓練，也能夠達到符合表演的水平。但他們卻無法因為訓練成為領導者。

所以領導能力是需要以「內向修練」的方式，因為透過內向修練才能培育人格及思考能力。但是領導者只有思考能力也不夠的，因為領導大部分處理的是與人有關的事，而人是很個性化的，所以在不同的情況下，處理的方式也應該千變萬化。

事實上，領導是內在的東西，確實難以定義與說明，但是我們非常清楚知道，它是需要不斷的透過自我的「內在修練」是永無止盡的過程。

21. 誰是你企業的舵手？

在企業興衰的歷史中，有些起初被看好的公司，擁有好的技術、創新的產品或是投入前景看好的趨勢產業，但即使是如此，還是無法長久競爭，讓許多企管專家頗為困惑，明明可以好的，為何不行呢？這當中最大問題出在哪呢？

固然，在各行各樣的企業，都有它本身各自的生存條件與優劣因素，但如何走向一條永續經營的獲利大道，我認為最重要的關鍵還是在領導者，領導者的好壞就決定一個公司的終極命運！

對全錄(Xerox)的老員工來說，相信會有很深感觸。

1999年4月，全錄聘請由IBM挖角來的理查‧湯曼（Richard Thoman）擔任總裁，原CEO 保羅‧阿萊爾（Paul Allaire）升為董事長，當時外界對這位IBM改革大將給予很高的評價，全錄上下員工與投資者也寄望他能將IBM成功改革經驗融入組織變革，理查‧湯曼的確作了大幅改革，為致力節省成本，上任就宣佈一萬人裁員，這樣做並不能說錯，但對「以人為先」(類似松下終身僱用制度)的全錄文化，在未充分做好價值溝通就貿然實施，反而帶給員工更大的情緒反彈與更低落的士氣。

再加上其他「自以為對」的決策，並未真正具有執行力，造

成在理查‧湯曼上任十三個月裡，市值跌兩百億美元，當然遭到撤換的厄運。

留下的是與五十六家銀行貸款70億美金的債務，成為銀行拒借的黑名單，而董事長保羅‧阿萊爾也涉嫌在1996年起財務作假。逼得把富士全錄(Fuji Xerox)公司50%的股份，賣給富士寫真，並換由資深員工安妮‧麥卡伊（Anne Mulcahy）任執行長，這位全錄有史以來的首位女性執行長改變了厄運！

她在1976年進入全錄當業務員，有十六年在營業部門工作，並經歷過事務總主任和資深副總等職，她上任第一步就穩定財務狀況，極力向外界爭取資金，2002年5月得到GE Capital5億美元融資奧援，同年十月更取得八年50億的資金。也因此，她裁員2400人的方案，沒有導致如先前大裁員一樣的反彈。

在不到兩年的時間，全錄就轉虧為盈，負債減少43億美元，表現不佳的事業單位也全部整頓脫手，平均每年減少16億美元成本。最近公佈了2003年第2季的結算：營業額為39.2億美元，淨利8600萬美元。

主要就是安妮‧麥卡伊回歸原點，真正以人為中心，決策明快，讓員工與顧客信賴而共同創造利潤為領導哲學。在這個基礎上逐步讓全錄復活起來。

所以，你能說領導者不重要嗎？培育優秀領導者是各企業刻不容緩的事！

第二部

企業競爭力——管理

22. 打破組織藩籬

在創新商品的開發上，我發現儘管有些企業研發人員對於投注產品開發不遺餘力，但對於部門與部門間的橫向聯繫與溝通就頗為欠缺，以致於協同開發的成效大打折扣，無法完美呈現創新的商品力。

在日本，企業存有這種現象也頗多，為了改善積習，一些企業經營者與產官學者紛紛提出「打破組織藩籬」的聲音，有的已取得不錯的執行成效。

像豐田(TOYOTA)在1992年決定開發具有低成本、環保觀念的燃料電池(FC)汽車，前幾年並不順遂，他們檢討最後把問題歸咎於開發部和生產技術部欠缺溝通機制，當中有一大主因是248號線國道從豐田園區貫穿，把這兩個部門分隔兩邊。

為了強化與整合研發基礎，豐田專門設置FC研發中心，內含企劃室、開發部和生產技術部，並結合零件廠商日本電裝與愛新精機，以110人的陣容投入燃料電池研發工作。這是該公司六十五年以來首次打破既有層級體制，而成功整合成橫向組織。也使燃料電池(FC)汽車的研發有了進展，而在2002年問世，向世人展示燃料電池(FC)汽車的實用價值。

　　豐田最後能變革順利，除了找出癥結外，另就在於他們過去即孕育的企業文化──允許一個工程師可以在兩個不同的工程部門自由流動，所奠下好的基礎。

　　再如麒麟啤酒，他們相當重視各事業之技術與人才的相互交流與跨部門合作，來促進集團商品開發能力。其設立業界第一家首創的商品開發研究所，也是秉持打破部門障礙，從嗜好、調查到決定口味、商品命名等開發流程，採行聯合進行作業的方式。

　　事實上，原本以啤酒聞名的麒麟啤酒，在市場日趨飽和下，就有專門生產威士忌、飲料的子公司人員提出開發KIRIN 「冰結」(CHU-HI,水果酒)的構想，獲得集團同意，這是子公司第一次替母公司開發新酒品！推出後市場反應不錯，超越原本排第一三得利(Suntory) SUPER CHU-HI。

　　2000年9月麒麟更宣佈他們不是啤酒公司而是綜合酒類公司。而至今最受注目的是一瓶賣150圓的Chardonnay Sparkling，雖比對手貴10圓，但六月卻創下銷售43萬箱(每箱350ml×24罐) 的驚人紀錄，當年七月日本市佔率達30%，三得利才近20%。

　　我想強調的是，開放集團、子公司與部門間的人才流通，消除部門障礙的不利因素，如此創造的效益絕對是一加一大於三的價值！

　　因此，領導者能讓不同思維的怪才願意為公司效力，展現長

才,使團隊形成一個多元創造力的發電機,在知識經濟時代絕對是勝出的基礎!

日本大發(Daihatsu)汽車工業,有一位研發工程師田中裕久,他1989年進入這家公司,在這之前,他在一家陶瓷公司服務,曾思考到難道一輩子都要當雇員嗎?索性辭掉先前職務,去中國絲路遊走一年。

他在大發是同事眼中的怪才,因為他從不參加定期會議,曾說:六十分鐘的會議太浪費時間,寧願花十分鐘先給人罵一罵,五十分鐘回去實驗室做研究比較有意義。

他主要從事的是汽車觸媒技術改善研究,因為原有觸媒在經過使用一段時間後,表面會凝結大的固體,影響它本來氧化還原變成無害空氣的功能,最後他研究出利用奈米科技解決這個問題,替公司開發出世界上第一個革命性的智慧觸媒(intelligent catalyst)技術。

日本鈴木(SUZUKI)企業社長津田也強調:企業要有很多怪才。他認為組織研發環境需要有異質的人才在一起,才能有所突破。像把研究人員送至美國培訓,把設計人員送到義大利都是他所謂「他流試合」的策略,也就是藉著這些人不同的學習與創意結合在一起,形成新的競爭力商品。

所以,你的公司有怪才嗎?你能容納怪才,使他們發明顧客喜愛的怪異產品嗎?

23. 正視「地下研究」的重要性

　　產品專案研發通常是公司重要的投資，因為這攸關於下一代的商品競爭與市場開發，不僅老闆關心，對手注目，甚至顧客也會期待，然而，我觀察到一個成功的產品，除了藉著既定的專案研發而成外，有時非正式研發，也會為公司帶來意外的成果。

　　研發人員運用公司資源做規定外或不屬專案的研究，我稱為「地下研究」。

　　我認為，公司允許研發人員在閒暇之餘做興趣的研究，不見得純屬於浪費成本的行為，相反地，這是回歸到人性面，人喜歡新鮮好奇，激勵他們發揮創意，這樣的組織才算是擁有創新研發的文化，同時讓他們研究成果與公司利益相結合，更是企業致勝的法寶。

　　日本富士通公司是個典型。

　　1973年篠田傅先生對電漿螢幕顯示器PDP(Plasma Display Panel)非常感興趣，認為未來掛在牆壁電視將很有市場性，在公司沒有計畫下自己做研究，1979年開發成功三色光PDP原型，也獲得富士通的認可列入正式的專案。

　　但未料，與此時不久，篠田傅身體因積勞成疾，入院修養了

兩年，這項專案也被公司擱置，1983年他復職，問上司原因得知就是因無推動者，所以不了了之。

於是他又開始私下研究，為了招兵買馬，自己掏腰包請工廠年輕同事到酒店聚會，在酒酣耳熱之際還不忘說：「可掛在牆壁的大銀幕PDP電視成功的話，就可改變世界」，在在就是為了招攬私下研究團隊。正因為在他努力推動下，1986年又獲得公司認定專案，同時受到國家補助，1993年發明21吋彩色PDP，2002年大銀幕產品更趨成熟商業化。

事實上，不僅是富士通，在美國像3M早就允許員工擁有15%的自主時間從事創意，日本也有越來越多的公司默認「地下研究」；1994年本田開發休閒車ODYSSEY至今大賣，最初也是由小田垣先生私下領導team研究而累積的成果。

「地下研究」能成功的關鍵就是在於領導者已經塑造了健全而完善的創新制度與企業文化，更重要的是，亦表示領導者重視部屬工作的內在動機——自我實現有助於創造力。想想你的公司具備了這樣的認知和條件嗎？

24. 如何讓創意形成財富？

「我要找創意！」現在對絕大多數經營者而言，提供創意的商品與服務已是基本的認知，但是一些經營者或部門主管只是口頭說說，鼓勵員工想點子，甚至只視為一種領導的手段，但對於如何將員工的點子匯聚成財，卻沒有什麼具體的做為。

造成這種現象，關鍵因素在哪呢？

我認為經營者可能錯認：一個個員工有點子產生就會對公司有利，但事實上，從點子到形成讓顧客想買的價值產品，單憑個人的力量還是有限，你必須有組織的群體創意，這當中除了文化，還需要的就是具整合、實踐力的組織機制。

也就是這個機制是使每個人能同心協力，而非各自為政，並藉著群體的力量將個人的點子轉化為組織的智慧。否則，再無數的個人點子與各自埋頭苦幹其後果就是不斷重覆、衝突、白費力氣或是彼此漠不關心，可能更增加公司與部門的混亂與衝突，導致績效不彰、成本居高不下而徒勞無功，反而錯失創意的契機！

當然，建立創意的組織機制端賴領導者的「先見之明」。

韓國三星電子在1997年歷經東亞金融風暴，負債高達110億美元的窘境，1998年夏天，高層幹部集體向執行長尹鐘龍建

議：要活下去，員工薪水減三成。他卻斬釘截鐵地表示：如果要這麼做，不如把公司30％沒生產力的職員全部資遣！他認為，經營者要做這麼果斷的決定是很難的，但若每個人都欠缺危機意識，組織與個人責任都不明確，還是不得不然。

他的用意，無非是要建立一個真正具創新獲利的組織體。

現在三星已經變革有成，各種創意設計的產品如高畫質電視、電漿電視、行動電話、數位音樂及視訊播放機等在世界佔有一席之地。零負債，市場價值達441.88億美金。與日立相比，日立雖然號稱博士學位就有兩千多人，廠房規模比三星還大，但研發獲益能力卻明顯不如她，2003年三月期決算純利益是日立的二十五倍。

以此，我還是要提醒經營者：點子如同幼苗，要照顧這個苗，讓她茁壯，需要適切的陽光、雨和沃土，也就是需仰賴組織集團的創造才會發光，才會有獲利的可能。所以該不斷試想和實踐著：在尊重員工個人創意的前提下，讓每個人認同公司價值觀，設置保障獎勵制度與扁平組織，使員工樂於提供自己點子，所有人也願意全力參與，為點子不斷的檢討、改善，形成競爭力。你的公司有這樣的文化嗎？

25. 也要懂得改變「創新」

在不景氣時，「創新」這個詞常被老闆或專家掛在嘴上，大抵用意無非是希望能以不同的產品或服務突破本身所處的逆境。

然而，有的企業在實際執行上，卻發現到：一直自主開發新產品，花了很多人力、物力、金錢和時間，所得到的結果卻與預期相差甚巨，而不禁質疑這種說法的可行性。究竟該怎麼辦呢？

其實創新的觀念並沒有錯，而且它的確是企業突圍的妙方，只不過有些業者在操作上，並沒有考慮清楚本身的經營能力，是不是每件產品都要獨立開發才算是創新的真諦呢？這是必須先思考的地方。

事實上，我一直強調創新，首重的是商業模式的創新。而且我所強調的是可賺錢的商業模式，其中就包括了定位創新、服務創新……等多種元素，當然產品創新也列於其中，特別是當我們發現本身沒有雄厚研發資本與實力時，就不能一意孤注在此，而應該改變，比方試圖結合其他強者的優勢，減低自己的開發成本，這不也是一種創新嗎！

過去以低價策略掀起市場革命的戴爾電腦(Dell .Inc)，也深諳此道，而在景氣低迷締造出與眾不同的佳績。

當電腦大廠在拼命研發新產品時，如思科(Cisco)公司用收入的18%從事研發工作，而戴爾的比例反而不到2%(僅5億美元)。她把焦點放在建立產品標準化上。主要是著眼於使用者的立場，認為讓顧客使用很容易並且與其他硬體結合也沒有困難，這樣的產品，市場接受度才高。

另對戴爾本身來說，利用他人的東西，研發費用就等於五百億美元(這是指戴爾用微軟、甲骨文及日本零件廠商等共500億的研發成果來加入產品)。

戴爾執行長邁可・戴爾(Michael Dell)說：未來技術市場會屬於支援行業標準的公司，而非標準系統的擁有者。由於標準化使她取得全球化商機，以很快的速度進入國際市場。而且其標準化概念不限於核心產品的製造，並延伸運用到服務模式，進而應用在其他週邊產品上。

當然，舉戴爾的例子並非否定產品創新是不重要的，而是說明創新的內涵應超越傳統產品創新的思維，而應以經營模式、商業模式的創新角度來觀照企業真正所需是什麼？以及衡量企業本身的核心專長與狀況，如何創新對顧客最有利？才有獲利的可能。

26.「有價值的速度創新」之真諦

　　什麼是有價值的速度創新？很多經營者對這句話都耳熟能詳，然而，有的卻常常誤解其義，以為產品藉科技在市場上快速推陳出新，就是有價值，或者在甲地行之得宜的銷售模式就能順遂傳遞到乙地，但諸如種種，就在地的顧客角度來看，真的會是如此呢？

　　我認為在全球化經濟時代下，速度創新是企業平常應練就的基本功，但要讓它產生價值，先決條件是必須和當地市場特色、風俗習慣與需求緊密結合，而不是複製別地的成功經驗即可。

　　目前NTT DoCoMo在海外投資高達18兆日圓，但在經營入不敷出、無法增益的情況下，負擔加速沈重，主要就是這個問題。

　　美國《華爾街日報》就曾報導：NTT DoCoMo雖然寄望運用在日本的成功經驗，進軍全球各地市場，但在歐洲從2000年起推行i-mode卻面臨經營的困難，社長立川敬二非常失望地表示不如預期，認為這是Content的問題，並將凍結海外增資計畫。

　　研究機構佛洛斯特研究公司（Forrest Research）分析師認為：歐洲人就不習慣用手機作為平日溝通工作，他們平常習於電視、收音機、電腦網路等，i-mode這種新科技商品對他們來說，雖是創新，但沒有習慣使用的價值，也許有一天大家逐漸會用它。

　　事實上，歐洲人跟日本的使用者習慣本來就有明顯的差異，因為日本人早期用PC上網者比例並不高，i-mode問世剛好彌補這個市場需求，而歐洲人卻早已習慣用PC上網，更換手機的頻率也比日本低。像我在加拿大也感受到，當地居民使用手機機率並不高。這就是使用習慣！

　　因為人平常是不願意改變，這是人性！因此在企業全球化的經營，一定要重視與尊重各地的使用者習慣、生活態度、以及消費文化等人文差異因素，並立即加以融入產品與服務，建立顧客願意使用的條件，才能造就有價值的速度創新，而非僅是追求快速複製過去成功經營模式。我常說的：全球化就要有"Global View, Local Touch"的道理即此！

27. 不行動是「點子殺手」

中國第一家全球化的網路市集──阿里巴巴(Alibaba.com)，執行長馬雲曾說，「在網路外面評論的人，永遠不知道裡面發生什麼事，也不明白裡面的痛苦，網路本身沒有問題，是人出了問題，你可以發現，上網的人、寬頻與設備都在成長，是人們的預期出了問題。身在網路的年輕人有一流的點子，但卻是三流的執行……。」

我非常贊同他的看法。雖然他講的是網路企業，但我認為「一流點子、三流執行」這一點卻是所有企業常犯的通病。

為什麼會出現點子與執行的落差？我有幾點觀察並提出改進之道：

1.員工沒有信心習慣。像是：「這是個很好的主意，但和我們以前所做的一樣、你沒有經驗，像我們有經驗一看就知道不行了、假如這麼簡單的話，別人早就這麼做了，那有輪到你的機會、我們公司是不做這種事的，或是我們老闆是不會同意這樣做的」等等，就是這些點子殺手使得我們躊躇不前，並阻礙了我們的行動。解決之道是領導者要不斷激勵員工，給予信賴，讓他們發揮最大潛力，同時執行時須以事實、數據作基礎，而不是以妄

斷為習慣。

2.三分鐘熱度。一個好的創意提出時，通常雖引起關注，但往往因為上下沒有共識而產生「頭重腳輕」的現象。解決之道在於對於規劃提案已知與未知的部分，都要有假想方案與事前推演與評估，成為組織決策，才能在對的時間做對的事；同時對於過程也要有持續的關注直到結束。所以執行是一種精準的企劃行動與持續性的活動。

3.各部門缺乏協調能力。我們經常聽到像這樣的藉口：「這個事和我的職務部門沒有關係、我現在已經夠忙了、我們公司太小」等等；這都是各部門阻礙執行的狀況，如何協調與資源整合是非常重要的事。

4. 沒有授權，就會造成權責不清，沒有人敢負責做事。所以成功的執行是一種授權文化。

5.沒有學習、分享的組織文化，往往造成執行經驗的障礙。事實上，有人問發明電燈的愛迪生，他說：我只不過是塊好的海綿，能吸收觀念並加以利用。我大部分的點子，都是來自那些擁有而不願開發的人。」愛迪生的話可以當為對此的註解。

28. 培養創新能力，提升雇用價值

　　景氣差，許多人會認為失業階級僅限於一般上班族，其實不然。根據《商業週刊》公布的《台灣菁英憂慮調查》報告中顯示，50.8％擔心未來工作會有問題，13.2％擔心被裁員或失業。

　　這個數據現出一個重要的事實：在現在競爭激烈的時代中，資深的經驗已經不是免於裁員的防護盾。擁有能力才是在時代中最重要的資產。而我認為，要讓自己常保競爭優勢、充實自我能力的最好方式，唯有「創新」二字，別無他法。

　　讓我舉個例子。2001年9月底以每股90元價位掛牌的遊戲軟體廠商遊戲橘子，當年上半年營收約5億6000萬元，達成年度財測的60％；在獲利方面，2004年1至5月稅後純益1億1300萬元，稅前盈餘2.02元。創辦人劉柏園卻僅有59年次而已。

　　劉柏園說，他的決策方式是「不用經驗法則。經驗是由一群膽量不夠的人，建立起來保衛自己的東西」。「我從不覺得自己是個大人了。我覺得自己還是個小孩子。」我覺得，這就是他不斷創新的動力，才可以使企業永保前進的動力。我自己也常說，我的年紀只有3歲，因為保持著這樣的想法，我就沒有傳統的束

縛，可以從不同的角度去思考問題，而有創新的解決方式。

「創新」這個字眼，對於資深的經理人尤其重要。在我過去輔導企業的經驗中，我發現推行創新的阻力並不來自基層，而是我們認為是「專家」或「菁英」類的經理人。並不是因為他們沒有學習或創新的動機，而是因為他們有自我防衛的心態。當一個新的構想出現時，他們總會說：「它和我們過去作的不同。」「你沒有經驗，我們一看就知道不行了。」「如果那麼簡單，別人早就做了。」因而失去了創新的契機。

但是，我認為這些都是阻礙經理人「創新的殺手」。一個新構想如果可以被大多數的人所接受，絕對不是好點子。被認為瘋狂的點子，才有可能成為真正好的構想。只會原地踏步的經理人，時代一變化，自然失去競爭的動力。因此對於經理人而言，應該要學習隨時接受新技能、新思想的觀念，有勇於創新的勇氣，才能增加自己被雇用的價值，成為別人亟欲爭取的對象。

在我去大陸演講的時候，我發現現在許多部門領導都十分年輕，大約30出頭，擁有高學歷及驚人的行動力，堪稱後起之秀。為什麼會大膽晉用這批在傳統經理人眼裡沒有經驗的人才呢？我認為是因為他們擁有創新的動力，才可以贏得這個職位。我相信，這股趨勢在台灣也會逐漸的延展開來。當我們感嘆「後生可畏」的時候，也要訓練自己趕快擁有創新能力，不然，你可能就是下一個被「長江後浪」推倒的「前浪」。

29. 工作不是苦差事

　　每當週休二日後，許多人都有「週一症候群」。因為在假期中，人的情緒與精神都處於放鬆或散漫的狀態，一旦要回復到正常上班的日子，很多人都會有心收不回來的情況，總覺得：「唉，又要工作了。」所以，即使一早就喝了一大杯濃咖啡，也澆不熄倦意，總要在中午過後，才能恢復平日上班的情緒。

　　分析週一症候群的發生原因，便是因為他們把工作當作苦差事來看待。強迫自己作不喜歡的事情，抱著無奈的心情，工作起來難免意興闌珊，又怎麼會快樂起來呢？相反的，如果從事的是自己喜歡的工作的話，當然會加倍拚命努力，願意投入自己的心力，即使再忙、再累，身心也不會感到疲勞。

　　有人說，工作的目的，是為了金錢，我覺得不盡然。工作更應該是讓自己找到生存的價值和樂趣。像傳播大亨泰德·透納（Ted Turner）自接管了父親的廣告公司後，便進軍廣播事業，華納兄弟公司與CNN都在其麾下。所以雖然他擁有上兆的財富，可以輕鬆悠閒的過下半輩子，但是他仍然不斷的找事情來作，因為他覺得工作本身便是有趣的事，想藉著工作去挑戰有趣的事情。

　　像我之前在中國生產力中心工作時，也有同樣的體驗。每當我們一起去輔導企業時，難免都要南北奔波去尋找資料與作訪談，但大家都不以為苦，甚至樂在其中，因為我們都很喜歡我們的工作，覺得這對他人有幫助，並從中得到很多工作的快樂。有時遇到我們的同仁，我都不問候他們：「你最近到哪裡去工作了？」而是「你最近到哪裡玩了？那個專案好不好玩？」對我來說，工作本身便是一種娛樂！

　　而要讓工作愉快，除了自己心態的轉變，找尋到工作的價值與樂趣外，我覺得整個組織文化的建立也是很重要的。如果組織文化將組織塑造成一個hot group的環境，整個組織就像是個大家庭一樣，員工耳濡目染下便容易養成喜歡工作、願意投入的習慣，自然而然地便不把工作當作苦差事了。

　　另外一項我覺得很重要的，便是整個組織的充分授權。許多老闆喜歡大權在握的感覺，覺得所有事情都在自己控制之中，但是對員工來說，工作的意義可能只止於「完成老闆的指示」而已，哪有所謂的成就感可言？如果整個組織可以建立以「領導」代替「管理」的文化，讓員工充分發揮自己概念研發的成果，我相信這對員工而言將可以找到更多工作的意義。

　　本田技研工業公司創辦人本田宗一郎曾說：「討厭的工作即使勉強去作，最後也是不會成功的。」相反的，如果自己本身便喜歡這份工作，不僅容易達到成功，在過程中所得到的成就感與

滿足感，更令人覺得充滿活力。有了emotion（情緒），自然可以推動motion（行動）！現在，就改變你的工作態度，從開始喜歡你的工作開始吧。

30. 建立「容許敗者復活」的組織文化

很多專家學者都在強調創新研發的重要性，很多公司領導者都聽了進去，開始熱衷預算準備、訂目標，然而在研發過程中一遇失敗或者看不見成果就放棄停擺，也為數不少。

我必須提醒業者：研發其實是一條辛苦的路，過程中遇到瓶頸或失敗不用氣餒，因為這或許就是未來成功的基礎。

有些成功企業他們先前開發技術也遭遇失敗，但他們並沒有因此中輟，反倒是經過時間摸索醞釀或者是中途有怪才出現使原本開發的產品或服務復活，替企業賺取可觀的收入。

我也去談過3M公司利貼便條紙(POST-IT)、思高(Scotch)遮蔽膠帶都是經歷失敗多次後，而使公司大舉獲利的發明。

最近熱門商品——數位相機也是一例。事實上，在1987年日本卡西歐（CASIO）就開發出名為Batsuich的Electronic Steel Camera，但當時卻賣不出去，不被市場所接受。開發者末高弘之對此並不灰心，認為這種能傳輸影像資料到電腦的照相機很有將來性，為了讓這個失敗的產品能復活，他就換個方式以「附照相機的TV」企畫性商品方案說服公司延續開發，到1991

年開發出最早的Digital Camera「QV-10」，當時在沒有特意宣傳下上市，卻讓消費者趨之若鶩，大受歡迎而成功商品化，也引發同業的跟進，創造日後千億日圓的商機。

三得利最早以威士忌聞名，後來轉入啤酒生產發泡酒，其啤酒研究所所長中各和夫在1975年就研發出相關的技術，但並沒有完全使用，直到1990年代日本政府改正稅法，原本賣得很好的含65％麥芽罐裝發泡酒售價提高很多(350ml要課稅77.7日圓)，消費者明顯減少，1994年為了挽回價格頹勢，他們想到用25％麥芽(每罐350ml課徵36.75日圓)來銷售，而使用當年液糖(以玉米為原料)釀製出的發泡酒技術，重振市場。

上述的例子即告訴我們：企業想要反敗為勝，經營者必須要在產品研發上先認識失敗、不害怕失敗，同時激勵員工不畏困難、能在研發失敗的基礎上不斷地積極創新，建立「容許敗者復活」的組織文化，如此才有競爭的契機！

31. 管理員工的省思

在進入二十一世紀，很多老公司面對越來越快的商業環境與新世代的員工，常聽到一些領導者談到他們的壓力與瓶頸，都帶有著無奈與焦慮，並問我說如何管理員工，讓員工服從？

在過去我們都一直講管理，但是我很不喜歡這個字，因為管理就是在「管」，而「管」給別人的感覺就是我就是要被管的，這不是基於人性，因為每個人都喜歡被關懷，而不是被管。

我常對他們說人是不能管的，而是要關懷，並激發每一個員工對公司的創意與熱情(Passion)，發揮個體的力量成就群體的利益。事實上，在二十一世紀裡談領導最重要的是Navigation& Motivate people，就是要領航和激勵我們的同仁，而不能還用「『管』理」的方法。

我的好朋友海爾總裁張瑞敏說：每個員工都是一個小公司，都要面對市場。也是這個道理。

他認為，就是既要有大公司的規模，又要有小公司的靈活性，所以要把大公司的航空母艦變成無數可分拆的單獨作戰體來各自為戰，其意義在於發揮員工的自主性。

在1998年始，海爾就在內部推動SBU(Strategic Business

Unit)，這名詞最早始於奇異公司，是指事業體的策略商業單位，海爾運用意義則有不同，海爾高層是體認到，如果把所有人都變成非常機械性的動作，並且重覆做這種工作，則員工在公司僅以達成任務為目的，就一點也感覺不到自身價值，SBU是欲讓員工與客戶面對，每人面對市場後，就會感到這是自身價值展現，進而讓每個人都會有責任感與企圖心。

這就是讓員工發揮個性化而使組織獲利的做法。

我過去就說：在公司裡，每個人都是領導者，企業領導者要做「領導者中的領導者」。身為領導者應以愛為出發點。糾正部屬時，也讓我們的部屬也要有這樣的感受，感受到你是關心他們，只要他們能感受到你的關心，自然就會激發他們的熱忱和感激。所以，以此建立讓員工自主有紀律能展現創意的文化，比起老想著如何管理員工、怕他犯錯是不是更好呢！

32. 以「溝通」建立「共識」

在企業面臨變革時，是否都需要效法許多大公司的做法，在短時間內裁掉大批員工，以達到降低成本的目的？還是可以藉由溝通的力量，讓全員迅速達成共識，朝向共同目標邁進。

猶記得我剛要接台灣中國生產力中心時，中鋼人資部曾經為生產力中心做過人力調查，發現這個老舊的公家單位中，有高達85％的人不適任，這也意味著，重新組織要比打破既有組織快得多，後來我請我的助理直接到生產力中心進行人資訪談，得到的結果是有45％的人不適任，我認為這個數值還是太高，所以要我的助理再次進行訪談，再次的報告是，至少有25％的人不適任，但是我認為這個數值還是太高！

最後我進入生產力中心，只讓五位該退休還沒有退休的高階主管，以最優厚的條件請他們離開，為什麼呢？因為這幾位高層主管都擁有非常堅強的背景，也是阻礙變革的絆腳石，而全體員工將會「觀望」，到底誰的背景最厚，誰會輸誰會贏？如果我輸了，也就不必談變革，因為我根本推動不了任何事情。

進入生產力中心時，我帶了一位秘書，我發現我的秘書並不能跟員工們交流，因此無法建立起從下而上的資訊流，所以我就

將我的秘書換掉，而從生產力中心的既有體系中另外找了一位秘
書，這樣才讓員工的聲音從下而上串聯起來，當我變革成功之
後，到目前為止許多人都以為生產力中心是我創立的，所以不見
得需要大量的裁員，只要給員工活化起來，這就是一種變革的方
式。

上次我曾談到《人生再起的三十六招》這本書，作者高塚
猛，他在過去曾經將幾家經手的企業轉虧為盈，他跟我相同的是
以溝通代替裁員建立信賴，例如他接手經營一家飯店，他告訴員
工們，雖然現在飯店虧損的非常嚴重，他還是要讓每個員工在
2004年都調薪一萬日幣，事實上，工會的要求僅是每人五千日
幣，更保證不裁員。

他要求人事部門製作一本有相片的員工名冊，包括他們的背
景、經歷，及工作部門等，他在很短的時間內，把每個人都記憶
下來，當他遇到員工都能叫出這個人的名字，跟他打招呼談論工
作上的事，這些基層員工的主管及同事們，看到之後都會紛紛的
詢問，社長說了些什麼？這樣他想表達的訊息很快的便傳開來
了，因此大家都知道社長想要做些什麼，基層就這樣動了起來。

他跟同仁間的對話是絕對不在員工面前批評他們的主管或同
事，告訴員工說就是你的主管不行，我才直接找你談，如果他這
樣做員工之間只會產生猜忌，不可能形成共識。在生產力中心
時，我給員工的自我管理信條，其中一條問到：「我要當好人，

我絕不有意的去得罪人，但我常會無意義的(在背後)傷人。」這就是為了禁止員工在背後批評，或者是散播謠言。

也就是說，領導者不僅要重視從上而下的溝通，也不要忽略了從下而上的溝通力量，如此才能快速的建立起組織的共識，達成企業想到達成的目標。

33. 股票選擇權是經濟毒藥？

　　2002年世界通訊正式宣佈破產保護，此為美國史上規模最大的一宗。面對諸如因企業誠信所導致的經濟危機，已在美國華爾街與政壇人聲鼎沸，特別是在討論如何防「弊」──內線交易(insider trading)時，很多人將矛頭指向企業領導者，指稱他們濫用股票選擇權(stock option，大陸稱股票期權)炒作牟利，成為危害股市的關鍵。

　　因為，一旦選擇權開始生效後就可以自由買賣，公司老闆的確有機會利用短線操作策略甚至詐欺行為，炒高股價，然後用選擇權換得大筆額外的鈔票。

　　這樣的批評並非無的放矢，但我認為，並不能就此否定股票選擇權存在的價值，因為這是一種企業給予員工的實質激勵。

　　事實上，股票選擇權本身並不是問題，問題在於分配。

　　我發現股價直直落，美國CEO年薪仍超過千萬美元仍大有人在，美國企業給予領導者的股票選擇權過高(例如以迪士尼，曾給其CEO兩百萬美元stock option)，且太集中於少數人(據統計，近一千萬美國人手上有選擇權，但真正拿到可能不到三百萬人)，甚至企業處於虧損也付出股票選擇權，造成這些人有能力

得以走法律邊緣，所得到的鉅額與實際任事的貢獻度不成比例，形成貪婪現象。

據美國《商業週刊》(BusinessWeek,2002/7/29)統計，可以佐證上述一些現象：微軟(Microsoft)淨利77.21億美元，選擇權支出達22.62億美元；思科(Cisco System)虧損10.14億美元，還須另外支付選擇權16.91億美元；HP淨利6.24億美元，但若扣上選擇權支出6.89億美元，就是虧損；雅虎(Yahoo！)虧損9300萬美元，也須再支付選擇權8.9億美元。

有鑑於此，我有以下看法：

一、區分股票選擇權的發放標準。應區分兩個水平：一是為CEO、CFO、COO等副執行長以上層級的決策群設定高業績目標，達到之後才有一定比例的酬庸數額，而且至少五年才能生效。二對非決策群的專業人員、員工，視其努力奉獻價值而適度給於發放鼓勵，沒有時間限制，以增加向心力。同時，發放股票選擇權的額度並非無限上綱，針對企業盈餘、市值及個人的薪資紅利制定合理的上下限比例。

二、修正會計法規將「企業決策群」的股票選擇權列為公司支出。可口可樂、漢斯食品集團和達美航空，已準備股票選擇權列為公司支出。我在此進一步提出修正意見：把所佔比例較大的「企業決策群」的股票選擇權費用，從其提列的利潤中扣除，而把佔比例較小的非決策群的部份仍視為利潤，這樣一方面，可保

留董事會權力，另一方面，也利於高科技招募人才，兩者使財報更為準確。

　　三、沒有一項制度是絕對恆久的完美，基於顧客滿意的市場原則，企業自律與正直是最基本的原則。

34.「千鄉萬才」的企業意義

我常說：「企業不賺錢是罪惡。」但是我堅決反對企業用不正當的手段去牟利！相反地，一個永續經營的企業應該是以服務的心態去面對市場，發現顧客問題，設法替他們解決，進而取得顧客信賴，這就是落實「顧客導向」，也因此才有真正賺錢的機會。

我的好友前英業達集團副董事長溫世仁過去推動的「千鄉萬才」大西部開發計畫，即是個典型。

他在北京成立的「千鄉萬才科技公司」是一家可以營利的企業，也是一家以「替顧客解決問題」為前提的公司。

大陸人口數約十三億人，但是經濟的開發呈現區域不均衡的狀態，沿海地區占了四億人，是發展成熟的市場，相對來說當地顧客具有較高的消費能力，然而，除此以外的地區呢？其生活水平與沿海人口相差懸殊，貧窮人口很多。而且當愈來愈多外商到沿海設據點，拚命由內地召募優秀人才，大西部菁英大量外流，內地落後程度也就日益嚴重。

但這就是機會！設法讓中國大陸西部3.5億人口也成為我們的市場。

　　溫先生認為，要讓他們擺脫貧窮、成為真正有實力的消費市場，必須作策略性的協助建設，此開發計畫便是實踐策略。他計畫於五年間向企業界籌資五千萬美元，選定一千個落後貧窮的「鄉」級地區，和當地政府合作進行科技基礎建設，再由該公司培訓軟體人才、興建五星級飯店等行動，帶動這些地區的數位化程度，提升知識教育水平，進而運用當地資源，讓他們擺脫窮困。

　　例如這計畫中的一部份是，選擇甘肅武威地區的黃羊川鄉進行，其種種開發計畫稱為「黃羊川模式」。

　　因此所謂「以行善為出發點，以獲利為目標」無非造就了企業與顧客的雙贏！

　　事實上，營利事業有時比非營利事業更能協助人們改善生活品質與強化生命意義，而從其過程及結果獲取利益。但我必須強調：這種投資利益並非立即垂手可得，所以絕非來自小格局的領導者所能做到，而是需要真正有大格局的領導者去推動、實踐，兩者差矣就在於誰能永續經營！

35. 變革毋須找藉口

　　日本企業近幾年在人事變革上，紛紛以實力表現取代年資經歷作為評鑑員工的標準，也就是打破所謂年功序列制而採用成果主義的做法。有位日本企業老闆就對此質疑的說：目前還看不出有什麼具體成效。甚而有的企業又改回過去的制度。到底，這種變革的模式的問題在哪裡？

　　我說：說穿了，就是換湯不換藥，企業全體的思維模式跟不上環境改變的速度所致，所以制度雖變，但意識沒變，如此不僅看不到未來反使結果更糟！

　　這就是所有組織變革會失敗的關鍵。

　　我曾到大陸青島市參加「財富對話論壇」，有一位企業家發言表示，國企改造將國家企業轉為公司制經營，實際上造成做事的人有責無權、無權無責，形成不倫不類，問題依然重重。

　　我認為國企改造是必然的道路，但若改造的過程人事權並無下放，許多領導還是屬於政治酬庸派任，而非專業經理人，就是問題；尚且政府應不是只重表面績效—看有多少家完成國企改造，而須端視有沒有企業家的決心與擔當，否則國企經營成效會與政府領導認知差距過大！

故變革的敵人便在根深柢固的老想法。

今天我們所面臨的問題，是因為我們沒有改變過去所產生的，所以不論是一個國家、企業、個人，都應該要有這樣的認知，既然知道有這樣的問題存在，我們就必須改變自己。成功的人都是屬於勇於改變現狀的人！

最後，我也要提醒經營者：

一、改變不是罪惡。絕對不是因為我們做錯了什麼事，所以才需要改變，而是因為環境改變的關係，所以不要因為需要改變而感到罪惡感。

二、改變沒有藉口。世界上有許許多多的變革，阻礙並不是來自種族、地理空間、學歷……等「藉口」，因為事情都會有solution，我認為最重要是下定決心！只要我們真正改變我們的思維模式，困難的事情，都會變得簡單。

36. 人才取捨，以優點代替缺點

　　有位老闆跟我請教：「我想擢升我的兩個屬下。一個很有才幹，卻常與別人處不好；另一個善於人際協調與組織，但他的能力卻仍待磨練。我該如何拿捏用人的取捨呢？」

　　我跟這位老闆說，如果我的話，我都會重用他們。因為人財是公司重要的資源，如果可以把他們的長處運用在公事上，將會使公司更上層樓。唯一要考量的，是要避免讓他們陷入自己的缺點下。例如貪財的人，就不要讓他碰到財務方面的事。如不避免，將來遇到他的弱點，便會等於陷他於不義的情況下。

　　這位老闆跟我說：「但是，他們都有缺點啊！如果我重用了他們的話，不就糟糕了嗎？」

　　我跟他說，每個人都不是完美的，難免都有性格與能力的缺陷。如果我們對人只看見他的缺點，當然就覺得他的能力實在不足以擔當重任，員工本身的長處便被忽略了，也輪不到有機會在工作上顯現才能了；相對的，如果用人以優點來著眼，覺得這個職務如由他來執行，可以使他發揮專才的話，員工在受尊重的鼓勵下，自然願意竭盡所能地投入。

　　而這與整個組織文化有很大的關係。我一直強調「人本主義

的組織文化」的重要性。人本主義的組織文化，便是提供一個鼓勵員工的環境，讓他們以自重為起點，去激勵自己、超越自己。我確信在這種以尊重為出發點的組織文化中，每個人便會自然的去關懷、啟發與協助別人，相對的，別人也會給予善意的回饋。

而在這種組織文化下，員工激發出來的正向力量是很大的。員工不僅願意奉獻出自己最大的努力，甚至希望自己表現得更好，而不斷的學習、思考，並且自發性地改正缺點，在這種正向的良性循環下，所得的結果是原先的百倍！

歸納美國製造業之所以能在20世紀結束前重振其生產事業的根本因素，就是從其組織文化由「管理人」改變成「尊重個人」和「創造力的解放」。同理，一個企業欲求欣欣向榮、人才濟濟，也是必須從人本主義的組織文化做起，才有效果！

天堂與地獄是什麼呢？所謂的天堂，就是警察是溫文有禮的英國人；廚子是精於美食的法國人；修車是凡事嚴謹的德國人；秘書是仔細的瑞士人；情人是浪漫的義大利人。而地獄也是由這五種人組成：警察是不通人情的德國人；廚子是不善烹調的英國人；修車的是馬虎的法國人；秘書是散漫的義大利人；愛人是冷冰冰的瑞士人。天堂與地獄，僅在一念之隔，同樣的，人才取捨也在你的一念之間！老闆如果看員工的優點，重用他們的優點，讓他們發揮專長，他們就是人才；反之，僅看他們的缺點，員工就一無是處！

　　老闆們如果想在人才的挑選與培訓上著手的話，先由塑造人本主義的組織文化開始吧！這種組織文化，才是真正使公司成為人財搖籃的關鍵。我提醒大家：如果想讓員工們成為公司邁向成功的燃料，唯有先點燃他們心中自重的火焰，這樣，公司前進的動力自然源源不絕。

37. 人用「管」的果真有效？

　　有些企業經營者，對內部員工無法產生信賴，於是終日疑心員工辦事效率不彰、或忠誠度可議，雖然人坐鎮於辦公室內，卻恨不得能多幾雙眼睛監視員工一舉一動；當然，也有老闆緊迫釘人，絕不容許有人在上班的八小時內偷閒；至於設置監控系統監視員工的老闆，也是大有人在。

　　老闆的心思，員工當然懂，只是如此防範果真有用？我想，就算是老闆全程盯梢，但管得住人卻管不住心，員工無心於工作，老闆想必也是沒輒。

　　或許有老闆要大嘆：那員工豈不是無法無天！難道真沒法子可「管」嗎？

　　我常說：「人是不能用來管的！」理由何在？因為制度是死的，而人是活的，如果硬要將死的制度往活人身上套，一旦不適用，員工當然會有所反彈。例如：很多公司嚴格要求上班打卡，時間一到，就按遲到多久來扣錢，但諸事難料，會有狀況發生在所難免，有些人遲到並非刻意，可惜道盡了理由，卻仍礙於公司制度，一切照人事制度辦理。

　　你想想看，遲到的人怎能不悶？一大早出狀況，已經夠倒楣

了，好不容易到了公司卻還要被扣錢。員工情緒受到影響，這班怎能上的好？當然，老闆也有苦衷，如果不照程序來，大家遲到藉口一堆，豈不更麻煩。（對此，我認為老闆何妨改變態度，不要問員工「你為什麼遲到？」的老話，因為員工總可以提出不同遲到理由；而改為問員工「有沒有辦法能讓你不遲到？」請員工自己提方法來，然後去實踐，這樣員工就會勉勵自己不再遲到。）

所以我說「人是不能管的」，用「管」的，員工認為沒有彈性，老闆也傷腦筋，不過，「不能管」不是指「都不管」。「都不管」是放任員工，結果讓員工沒有目標，對工作無法產生熱忱，而企業的未來，不言而喻；「不能管」是經營者必須凝聚共識，給所有人一個共同奮鬥的方向，並建立起企業文化，然後讓員工依此願景、依己所長自由發揮，而非以僵化制度限制他們。

我認為，應該以「領導」代替「管理」，以「激勵」代替「懲罰」，將過去制式化的管理風格鄙棄，而訴諸於領導魅力；也就是企業經營者，必須讓每個員工都能清楚知道，公司的願景何在？然後依每位員工不同的潛能、專長予以激發，讓他們以自己最適的方式，共同齊力為公司盡一份心力！

38. 快速反應的內涵

　　速度是商機；速度是核心專長。對現代企業來說，這已不是什麼新的觀念，但現在企業所遭遇的瓶頸是，快速反應(Quickly Response,QR)的標準何在？為什麼快不起來？

　　我認為觀察一家企業是否具有速度，很簡單，那就是與顧客接觸的第一線員工是否可以立即回答顧客有關的詢問。

　　或許，在一般人的感覺中，三十秒的反應與三秒的反應差別並不大，但若員工沒有不同的感覺，QR就無法做到，在分秒必爭的競爭環境裡，特別在網路化環境中差別就會很大。

　　因此，快速反應與老闆心急不見得有絕對的關係，但企業整體步調的速率卻對它有絕對的影響。

　　當然，這需要一個真正發揮快速的機制。我認為要素包括：

　　一、速度是信賴的結晶──強有力的企業文化。

　　企業整體步調要加快，如何讓群體「心動而行動」是個關卡。上司對部屬不稱「工人」(Worker)，而待之以「夥伴」(Associate)，尊重員工，凝聚員工的向心力，有共同的價值觀，因此若能形塑授權與信賴員工的企業文化，自然能增加第一線員工的反應速度。

二、速度是第一次就做對的事。

正確的決策能減少錯誤的程序與資源的浪費，所以領導者應培養聽不同意見的習慣，不因職位、大小而有所差別，才能接受正確的資訊，進而做正確的決斷。

三、速度就是「新鮮」的思維。

新鮮就是顧客滿意。比方，客人要吃到新鮮、不用久等的食物，要怎麼做到？這樣的概念便落實到速食店，麥當勞成為全球企業就是最好的例子。所以，想法改變，動動腦筋，自然就能創造新的優勢。

四、速度就是善用IT。

統一的網路購物便，據統計2001年5月成交筆數已達十五萬筆，較2000年8月(第一個月)的三萬餘筆成長四倍，而與統一超合作的購物網站，至今為止，業績也較結盟前，成長逾一倍，原因就是其IT整合速度比其它競爭者來的快。

39. 靠魅力就能永續經營嗎？

面對急速變化的商場環境，領導者淘汰率這幾年明顯增加，有些管理專家認為其中有些人的失敗歸咎於欠缺魅力(Charisma)，所以無法吸引員工的認同與顧客的焦聚，對於這樣的觀點，你有什麼看法呢？

我認為魅力確實是領導力的元素，但不代表它是企業經營的原則。

根據《美國經典大辭典》（The American Heritage Dictionary）對魅力的註解：一是領導者具有一種少有的個人特質可以引人奉獻和熱忱(a rare personal quality attributed to leaders who arouse fervent popular devotion and enthusiasm)；二是個人吸引力與迷人魔力(personal magnetism or charm)。

它的英文意思表達很完整，但有人在定義一的翻譯多加「可以引人『高度忠誠』奉獻」，我認為並不妥切，因為這樣會使魅力曲解等同為領導力，事實上，就一家永續經營的企業或組織來說，領導力就是塑造對組織忠誠的價值觀與凝聚力，嚴謹的遵行正當事情與原則，而非在濫用權力魅力，製造個人崇拜。

像希特勒就是濫用權力魅力的領導典型。

1939年4月，在德國紐倫堡向青年說「我們將一起帶著我們的旗幟迎接勝利。」煽動德國年輕一代投入戰場，相信自己是世界最好的人種，為「德意志精神」而戰。當時他的演講極具魅力，讓絕大部分民眾狂熱起來，掀起了第二次世界大戰，但走向戰爭是對的路嗎？是負責任的領導嗎？

他用魅力傳遞著仇恨、將國家帶往災難。

以此，就不難理解彼得‧杜拉克會說：「有效領導力並不依附在魅力之上，艾森豪、馬歇爾和杜魯門都是有能力的領導者，但他們都沒具有特別的魅力。」(Effective leadership doesn't depend on charisma, Dwight Eisenhower , George Marshall and Harry Truman were singularly, yet none possessed more charisma than a dead mackerel.)

所以，就經營也是一樣，領導者在思考自己是否有魅力的同時，更應該想著是否能以原則為中心的權力運用？是否能夠創造讓人願意承諾的遠景與執行文化？即使你不在此位，企業依然能夠往永續的道路邁進。

40. 技術傳承的秘訣

　　企業延續的活命丹是什麼？這往往是經營者最傷神的地方，很多企業最先想到的就是留住好人才，然而，在技術經驗的傳承上，卻往往力有未逮，新一代的員工常因老一代員工的退休或離職而表現出現斷層，怎麼解決呢？

　　最近在日本就有企業發生這樣的問題。

　　某家工廠內有幾位待數十年的員工退休，他們擁有對技術嫻熟的智慧，這是新一代的員工所無法立即銜接上，由於沒有做好傳承，造成工廠產品品質落差甚鉅。在美國也發生類似的情況，曾有腳踏車工廠因為此無法運作而停擺。

　　如同管理大師彼得‧杜拉克所言：企業應具有負責知識的應用與績效表現的人。我認為處理這種問題，領導者責無旁貸，最好的方式是運用IT資訊科技創造知識平台，將技術智識用網路資料庫保存起來。

　　也就是我們必須善用IT，如果沒有活用IT，就沒有辦法做好企業延續。

　　首先把工作技術人員的Know how各種操作動作，透過成熟的像CAE/CAD/CAM等軟體技術，將之虛擬化模擬(simulation)，做好真實的紀錄，讓後繼者可藉此學習而不讓工作技術產生中斷。

並且，IT基本上要有好的資料倉儲(data warehouse)和資料採礦(data mining)系統，高透明且迅速的新系統是必要的。使企業內的每個人能快速取得有效的資料。

企業全體員工要完全生活在IT的環境中。建立一個知識平台，上至董事長、下到總機助理每一個人生活在這樣的文化裡。

以此，經營者最重要的責任，是建立樂於分享的文化，給予員工信賴感，讓他們能夠無保留的提出來，第二是建立技術標準資料庫、影像化。第三，是做你所說要做的事並且第一次就把它做好。

41. 你的企業有學習文化嗎？

每個人都知道學習很重要，很多老闆也常在內部會議中，大談學習的好處，學習創造競爭力，鼓勵員工要學習，但為何這些企業中，有的競爭力卻沒有如預期的理想呢？有家企業員工就對我說：哪有時間，工作都來不及了！很忙沒有時間學習，這是問題所在嗎？

我想癥結是「有沒有養成學習習慣」，也就是對學習採取什麼態度所致。

我每年閱讀包括中、英、日文150本書以上，從日本到台灣的乘機時間內，我就可以看兩本書。我的學習速度比別人快，並不是因為我特別聰明，而是我喜歡新鮮的事物、願意學習，願意改變。

所以從材料科學博士，到別人尊稱我為鋁焊接專家、自動化專家、經營顧問到腦科學教育專家等多種頭銜，所憑藉的就是我的核心專長──學習。

因為我不把學習當成工作，而養成一種專注而自然的習慣！

我的好友前英業達集團副董事長溫世仁雖是學電機出身，但在SARS開始流行後，當全世界至今還沒有可靠的疫情專家下，

每天花四小時上網看各種資料作研究，整理出防疫的「八不八要」的防疫小冊，頗受外界肯定。

即是因為他認為「恐懼無法防煞，知識才能防煞」，所以當下自我學習，動腦筋，也成了防疫宣導家。

美國華盛頓州一名14歲在家自學學生威廉斯（James Williams），在「全國地理知識比賽」（National Geographic Bee）得到第一名，令人矚目的是他是自學而來。威廉斯的母親說，「我們希望讓學習成為一種生活模式，而不是不得不做的事，同時讓孩子專注於興趣中的領域」。

對於企業來說，何嘗不是如此？經營者如何創造一個實事求是、學習引導創新的環境與企業文化，讓員工自然的從工作中享受學習，發掘問題，形成所有人的習慣。此舉比僅是作會議的宣示重要太多了！

42. 老闆，你覺得自己高薪嗎？

　　很多企業老闆在不景氣時，往往想到的是底下員工裁員、減薪尋求財務成本的降低，然而，領導高層的薪資佔整個成本比重到底合不合理，就成為經營容易偏視的問題。

　　像美國景氣雖差，2002年投資者從股票共同基金抽身2711萬美元，但根據CNNmoney對美國企業的分析發現，企業給執行長的紅利和薪水仍然增加，比前一(2001)年多領15％現金。另一報告則顯示，美國企業執行長2002年總現金收入高達174萬美元，高於前年的151萬美元，顯現出美國經營者仍有待遇過高的趨勢。

　　像爆發財務醜聞的世界通訊(WorldCom)公司，其創辦人暨前任執行長艾伯斯(Beranrd J. Ebbers)先前的合約就是退休後每年可領150萬美金，死後，配偶仍享有一半的待遇，這種高優渥的條件，即使連美國前總統柯林頓卸下任期後，仍要找工作的情況相比，簡直是天壤之別。而美國500大企業總裁獲得類似的待遇，不算少數。

　　而美國企業頻傳財務作假事件，也與企業分配股票選擇權(stock option)作為紅利有關，因企業財報獲利若下降，投資者

減少或停止投資，股票下跌就會影響到這些高層的收入，因此企圖作假，造成惡性循環，導致企業的敗壞。這是人性的貪婪與短視所致。

事實上，面對景氣變化、愈來愈高經營高層離職率以及前述人性面的問題，對於企業薪資的給付，已有企業在重新思索做調整，以達到合理與激勵效果。

像IBM總裁山繆・帕米沙諾(Samuel J. Palmisano)在2003年一月約十位外部董事開會，他在會議上將經營的事實透明化，並提出把他們紅利所得一半300～500萬美金還給公司，把這些錢分配給有貢獻的員工，以留住「人財」，增加公司未來競爭力，即獲得在場人士無異議通過。

所以，美國CEO層級高薪的問題，企業領導者可以此借鏡，注意資源的運用以及如何分配，才是最適的決策。

43.「微利時代」增利法

很多專家說現在是「微利時代」，認為在不景氣時，企業營業額降低，利潤隨著降低，是很自然的事。但對經營者來說，這卻僅是一種「美麗的藉口」，沒有建設性；因為經營企業就是要有高獲利的目標，沒有利潤，便無法向股東、員工負責，讓企業生存。

如何高獲利呢？

第一法則就是必須先確認我們的顧客是誰，然後聆聽他們的需求，針對需求來設計和製造出超越他們期待的產品或服務。

在日本歷史悠久的SS製藥株式會社就是深諳此道，在所謂微利環境下創造暴利！

SS製藥以為「顧客健康著想」出發，先以問卷訪談發現：在不景氣的日本，民眾生活壓力愈來愈大，有78％的人曾經失眠，33％的領導階層則有患失眠症的傾向。而據醫學報告證實：失眠會影響人的判斷力，甚至可能導致輕生念頭，但鮮少有人會為失眠而上醫院。所以這個問題值得重視。

但要怎麼改善日本民眾這種症狀？他們得出：研發出有效改善睡眠品質的新藥，並讓失眠的民眾方便在每家藥局買得到，這

個市場需求很大。

於是，他們積極研製出不需醫師處方箋就能在藥局買到的藥物，終於開發出在日本首創的藥品。

據《鑽石周刊》統計資料，2003年3月底前光是預約的訂單金額就達到4億日圓。4月1日推出的改善睡眠藥物熱賣，一個月的營業額達到全年的目標6億日圓。而且，產品問世後兩周內，SS製藥股價即上漲19%，與同一時期整體股市下跌2%相比，異常突出。

事實上，這就是顧客滿意的經營。所以我不斷說：要以顧客滿意做為事業的原點，讓不滿意的顧客使他滿意，而且要做超越顧客期待的事，最後再以顧客滿意為事業的終點，即為利潤圈。道理即此！

44. 建立為客戶赴湯蹈火的服務

　　在大陸演講時，很多老總或職員都對我一直強調「顧客滿意」抱著持疑的態度，常問我真的那麼重要嗎？我總是毫不猶豫地說：「是的！顧客滿意應是企業全體員工的目標，是二十一世紀企業成敗的關鍵！」

　　台積電董事長張忠謀曾在媒體上說：「我們願意為客戶赴湯蹈火，在所不辭……。」並且「對客戶不輕易承諾，一旦做出承諾，必定不計代價，全力以赴。」我非常同意他對客戶關係的詮釋，這是我多年來一直深信與實踐的理念。也對於台積電營收推估可突破五百億台幣，較首季成長25％以上的佳績，不感訝異！

　　台積電能成功就是在爭取客戶時，從來不以殺價競爭做為手段，而是全然以服務為訴求重點，讓顧客感受到深刻的夥伴關係。因此台積電首先著重便是他們的企業文化，使每個員工都具有這樣的價值觀，無論尖端技術與生產效率都集中在於如何使得顧客滿意的方向上去努力，這是競爭者不容易去學到的。

　　因為，顧客是經營中最重要的資源，而顧客關係管理(CRM)是指企業為永保即有的顧客，變成終身的顧客，並贏取

新顧客，以及增加顧客利潤貢獻度。重點在於顧客的忠誠度。

　　根據一個調查，十個消費者中有七個人改變購買別家產品的主要理由，並非產品的品質或價格，而是惡劣的服務所造成的。劍橋報告則表示：在選擇服務時重要的考慮是它是否符合需求而不是它的價格。

　　事實上，很多人都知道提供好的服務是非常重要，但真正能做到實在太少，因此只要我們去做到就能獲得競爭優勢。所以，不管是哪一個企業，都可以採取行動，去塑造一個顧客滿意的文化，使得別人沒有辦法和你競爭。顧客是決定企業的輸贏，企業領導者就要塑造使得顧客喜歡的文化！

45. 速度經營的真諦

　　談到速度，相信每個領導者都不會否認它的重要性，然而對於速度的體認卻出現認知的歧異，導致企業上下展現速度服務的品質不一。

　　有些業者的確很有心思，在流程改善上不斷的創新，但問題是思考卻僅停留在工業化時代生產思維，只重視企業本身內部的生產速度，以為這就是速度。我說：錯了！雖然內部流程做得快，但是如果顯現給顧客的品質沒有超越他們的期待，這樣的快並沒有多大意義。

　　也就是生產和服務都要有顧客滿意的速度。讓顧客感受到速度的便利，讓顧客不用等待。

　　曾在中國大連一家量販店觀察到一個令我不解的現象：

　　在六十五個結帳通關口中，有五十七個特別擁擠、大排長龍，每個佇候的顧客均買了大大小小的產品，但有八個通關口卻冷冷清清，因為上面牌子規定：買五件以下的可由此結帳過關，兩者形成強烈的對比。

　　可以想見絕大多數來此的消費都是超過五件以上，這是主要的顧客群，但是為什麼反讓他們苦候呢？這就是誤解速度經營的

真諦。事實上北美許多零售店也出現這種現象。

所以必須想方法讓這些主顧客能夠快速通關,減少無謂等待的時間,這樣才是顧客滿意之道!

事實上,所謂「速度」就是要縮短總週期的時間(total circle time),什麼是總週期時間呢?飛利浦‧湯瑪士和肯尼‧馬丁有個很好的定義:「從顧客表達他們的需求開始,一直到顧客的需求被滿足為止,所花費的總時間」。

像台灣電子業在世界扮演舉足輕重的地位,就是充分落實速度經營所創造的價值。特別是筆記型電腦,國外客戶網路下單,在二十四小時內便生產出來,三天內快遞交出成品,整個供應鏈的生產與服務都具速度。

因此是「傾聽顧客的心聲,滿足他們的需求」,企業要快速的反應顧客的需求,更重要的,如果要快,那就應該在第一次就把事情做對做好,讓顧客很愉悅的感受消費經驗,這就是創造利潤價值的起點。

46. 對顧客不能有大小眼！

我們常說要掌握顧客群，很多公司也知道要對準核心顧客，毫無疑問這都是在行銷上基本的圭臬，然而，有老闆不解地問我：為什麼在對準核心顧客後，還是留不住他們呢？

我說：雖然在教科書上常講要抓住核心顧客的心，但這很容易讓人誤解對焦點外的顧客就可馬虎，事實上，只要是我們的顧客，每一個顧客不論其對公司貢獻利潤是多少，或是認同度多寡，我們都要善待他。

也就是對顧客不能有大小眼！

澳洲某一家銀行，其總經理曾在會議上指示，終止小孩存款帳戶業務，這些他們眼中所謂的小客戶中，有位小孩向他父親抱怨這家銀行對顧客的粗糙，你知道嗎？巧合的是，他父親就是這家銀行的大客戶，擁有幾億的存款，是某家大企業總裁。

他父親聽完後，也覺得這是不公平的待遇，就指示秘書將自己在這家銀行帳戶的錢轉移出去。銀行人員知道大客戶要將錢轉走，對銀行實質損失慘重，覺得納悶。經探知後才瞭解這是他們對顧客的輕忽所致。

享譽國際的希爾頓(Hilton)飯店集團，其創辦人在年少時曾

窮途潦倒過,在一次借飯店大廳(lobby)過夜,被飯店服務人員狠狠地趕了出來,讓他立下決心以後要蓋一家對顧客用心的大飯店。

以上這兩個實例,就在說明:企業對待顧客群的心態應是一致性而不隨便,對任何顧客的輕忽與傲慢等於是在拋棄創財富的機會。

因此,顧客滿意是一種心的經營,也是一種高品質的企業文化。亦即它是一種信仰,而非是虛偽的展現。

領導者應從關心員工做起,不依職務大小,在任何時刻可傾聽他的聲音,養成一種習慣,自然你的部屬也就會時時關心企業,形成風氣,進而對外關心所有的顧客,點點滴滴貼心的對待,他們感受到了自然會更想買你的產品,這樣不是很好嗎?

47. 建立人才流通的環境

　　很多人現都看好中國經濟的發展，他們憑藉的理由之一是人才眾多的優勢，特別是吸引海歸派留學者陸續返回中國。

　　我認為以現在中國的經建現況，足能吸收海外中國學者回來發展，與台灣當年1960、70年代留學生因無發展空間而不願返鄉就業的情況大不同。然而，我必須強調：人才多固然可喜，但建立讓人才流通順暢的環境更重要。

　　正如最好的泉水，一定是引自源源不斷的活水而非一攤死水；人才唯有活性化才能創財變「人財」(human capital)。像日本過去引以自豪的年功序列制、終身僱用制，現已紛紛打破，就是體驗到工業化經濟時代已經過去，智識經濟時代來臨，活絡人才是基本的項目。因此政府與企業須營造流通創財富的環境。

　　《北京青年報》(2003/3/31)曾刊出讀者姜崎的投書，即反映出此類問題：他在回大陸工作三年，正為不容易換工作的問題大傷腦筋。因為中國規定留學生一旦換工作，必須在工作證和居住證上更換公司名稱。北京市更要求出具新單位接受證明和舊單位離職證明，一旦舊企業拒出離證，就得須重新出國，以新簽證再回北京重新辦理申請。

另根據中國人事科學研究院研究顯示：計劃經濟條件下形成的戶口、檔案、身分、住房與福利保障制度等體制性問題，仍是人才流動的羈絆。

因此長遠看來，若一直懸宕不決，則對吸引留學生歸國創業會產生莫大負面影響，對經濟發展恐力有未逮。

我一直強調活性化工作環境的重要性，而人力流通正屬於這一環。

當前，企業所需要的是「專才中的通才」，也就是員工本身有核心能力，但是又能夠也願意在同事請假時接替他的工作，這種人也就是我以前說的高EQ、有彈性、有企圖心，願意讓自己好還要更好，企業應該給員工較高的目標與實質激勵，讓員工展現與發揮他的彈性。

而政府的角色不是扮演「限制者」，而是「開放者」。沒有理由制定管理制度說哪個市場不能去，只要企業評估市場風險，市場在那裡，企業就應該去開拓那裡的市場，但政府如設定各種限制條件，企業就無法掌握機先，生機將會被斷送！

48. Global view、Local view、 Local touch

　　我到世界各地不同的城市，只要時間允許，我一定會去逛二個地方，一個是書店、另一個是超級市場。我的好朋友前英業達集團副董事長溫世仁先生也是一樣的，我曾說過，他一年超過三百天是在世界各地的飯店渡過，有人問他，他的假期是如何安排？他說他喜歡逛街，但是不購物，主要他是想去貼近市場，觀察顧客的購物行為等。

　　最近我因為到大陸授課的關係，在北京住了一段時間，這段時間我也去逛了超級市場，我發現現在到世界各地的超級市場，所承列的產品選擇，超過一半以上的商品已經大同小異，所以你習慣用的產品品牌，不管到任何國家，都可以很容易的買到。

　　到書市去也有同樣的感覺，不管是過去或現在，我已經養成大量閱讀英文跟日文書籍的習慣，最主要的原因是，這些趨勢書籍在速度革命時代更顯得重要，但是過去經過翻譯的書籍，出版的速度總是太慢，甚至許多好書根本不會被翻譯。但是現在情況也有了改變，我看到許多好書，已經能很快的被翻譯出來，我想未來甚至可以達到同步的情況。

　　這就是經濟全球化所產生的趨勢，企業的市場擴大了，不僅是本國的內銷，更重要的是外銷，將產品賣到世界各地去，而在世界各地的消費者購物行為也會趨於一致，例如我們在不同的地方都可以吃到，美國的麥當勞、日本的拉麵……等，日常用品或家電等更是如此。

　　這也意味著因為市場規模的擴大，企業所生產的產品需要更專而且與眾不同，才能突破重圍。

　　另外，我看到陳列架上的另一半產品，有些是屬於地方上特色的產品，每個地方因為風土、文化、環境、氣候、宗教……等背景的不同，所以也會有適合當地特性的產品出現，這些產品有些是地方上的企業生產，有些則是知名企業所生產。例如揚名於大陸的「康師傅」，他所生產的方便麵在大陸地區，就因著不同的地區，而生產不同口味的產品，迎合顧客的口味偏好。

　　所以我常說，企業不僅得擁有世界的宏觀，還必須有地區的微觀，才有能力緊緊擁抱起顧客（Global view、Local view、Local touch）。

49. 重視利益關係者管理

　　在企業經營裡，近來顧客關係的問題一直屢受重視，特別是在幾家世界級企業發生詐欺醜聞後引發諸多投資者的撤資行動，投資者關係管理(Investor Relation Management, IRM)更成為許多企業所重視的課題。

　　這的確是個事實，但正當愈來愈多企業把焦聚放在IRM時，我認為把它改為SRM(Stakeholder Relation Management)──利益關係者管理或許更恰當。

　　理由在於：我們應把投資者、顧客包括企業內員工皆視為夥伴(partnership)也就是利益共同體；事實上就是以顧客為核心，用關心去塑造一個顧客滿意的管理機制與文化，讓他們信任而願意繼續支持你，則別人沒有辦法和你競爭。

　　具體而言要做好SRM，有三方面：

　　一、懂得與媒體溝通。媒體的力量是無遠弗屆，因此如何與媒體保持良好關係，善用媒體資源，讓企業得以塑造好形象，特別是誠信是非常重要的事。否則，便有可能發生像美國施格藍公司(現被法國威望迪兼併)在重慶投資亞洲最大果汁廠現卻面臨退不退的問題，這家曾在1997年排名世界350名的企業被媒體報導

（2003年3月3日《中國經營報》）引發負面的效應。

二、懂得和投資者溝通。創造不斷和投資者有互動機會，讓他們對你產生信賴，有幾點原則要掌握：真實性、完整正確性、易了解性、一貫延續性以及資訊即時性。

三、懂得和內部顧客溝通。顧客是決定企業的輸贏，人(企業員工)假如沒問題，顧客就沒問題；人假如發生問題，顧客就不會再來。領導者就要建立起關心和正直的企業文化，與內部顧客建立價值溝通。比方日產和中國東風汽車面臨誰整合誰的問題，就極需雙方作內部溝通來尋求相互整合的契機，以加速合併的規模綜效(synergy)。

事實上，貫穿以上三點的核心就是企業誠信(ethic)。

以此，企業資訊應非常流通而正確，不論財報或任何消息，使利益關係者能立即知道真實事情。並且當資訊錯誤時絕不要輕視這樣的問題，對企業本身或許事小，但對利益關係者一定要馬上道歉，並以第一優先去解決，不管代價多大。事實上，能在第一時間解決代價最輕，也是SRM能成功的精髓。

50. 個人崇拜的企業省思

在組織中領導者塑造個人崇拜，到底好不好？

談個人崇拜並非是絕對不好的，好比在企業發展的過程當中，特別在初期，此舉有它的價值。像微軟的比爾・蓋茲，像戴爾電腦的麥可・戴爾，都是經由個人做決策的領導力，以正確的速度，帶領企業從小到大、迅速成長。

然而，個人崇拜最可怕的就是其幕僚把各方資訊隔離，使得他沒有辦法和各階層的人直接接觸，凡事都是要通過他的幕僚，最後幕僚反而成了掌權者，把羽毛當令箭，這樣的企業是最危險不過的。

所以個人崇拜到底好不好？取決於領導者的心態。於此，我們該重新釐清所謂真假個人崇拜的定義。

假的崇拜是表面上在領導者面前大喊英明，但在暗地裡卻把他罵的狗血淋頭。因為不崇拜就沒有辦法在這個公司裏面活下去，連座位都沒有。如果是讓員工陽奉陰違，這就是假的。

我認為領導者一定要使得部屬們打從心底裏面來崇敬，領導者要到哪一邊去，員工就願意相信而追隨，這種就是真的而不是假的。很多成功的企業，他們的員工對其老總都是非常尊敬的，

從心裏面尊敬的，這就是真的崇拜。

我在美國奇異公司擔任高階經理時期，當時用餐時間都故意不在高階人員餐廳享用，反而去工人餐廳點餐與他們聊天。因為我深信辦公室裏面的資訊流不是僅僅由上往下流，最重要是由下向上流才是重要的。一個領導者一定要聽到最基層的聲音，這底層聲音進來了，像打通了神經末梢一樣，組織反應會敏捷許多。

我認為領導者和員工要找機會面對面溝通，鼓勵他們能講出他們心裏面的話，而且對於講出好的異見，公開加以獎勵。自然大家會相信，我們的老闆不需要我們拍馬屁的，而願意自然的改變跟隨你的領導，這樣的崇拜就不是神話而是價值觀的認同，才是正途。

51. 重新思考中階主管的角色

　　著名的企管顧問公司麥肯錫(Mckinsey)過去曾調查三十八家先進技術的企業，結果發現：採取先進生產技術程序的第一步，是將生產現場所有中級經理，及支援服務的人員全部撤除，以免妨礙改革的進展，改善生產力的障礙是那些領薪水的職員，而不是在現場工作按時計酬的工人。

　　這個意義除了顯示如何增進效率與效能的課題外，另也代表著中階主管也需要有良好的教育訓練，否則就成為破壞「精簡組織」的「幫凶」！事實上，總裁學苑(www.CEO21.org)計畫的中階管理領導課程(Management By Leadership，MBL)受到很多企業的詢問與迴響，也證明這的確是很重要的一環。

　　不容否認，中階管理者扮演著組織內部的橋樑，但面對變化快速的環境，與彈性組織的變革迫切，則必須重新思考他們存在的意義及價值，組織也必須重新定位中階管理者所扮演的角色。

　　昔日，北歐航空在一次改革中，剝奪了中階經理人的權力，因為高層認為中階經理是造成上下無法溝通的絕緣體，中階經理是第一波改革的犧牲品。但是後來發現並沒有顯著效果，於是重新調整定位，將中階經理人改造為自治的獨立體，讓他們負責各

部門間的溝通協調。

湯姆‧彼得斯(Tom Peters)便談道：每一位中階經理人不僅要被動地協調各部門，還要主動去掃除部門間的障礙，並開拓業務，使事情更迅速進行。

所以，他認為中階經理人所扮演的新角色是：監督者兼協調者、技術專家、好消息的散播者。

我認為簡單的說，中階主管的角色是擔任「水平管理」，而非過去的「垂直管理」。

在新的網路組織中，每一個人都可視為是領導者。在創新自律的企業文化中，自己設定績效目標，以及工作必要的規則、流程，進而形成有紀律的「自治團隊」。組織必須讓「自治團隊」成為結構的基礎，賦予高度的自治權，並給予訓練，鼓勵團隊合作，並消除官僚化的障礙，而中階管理則在其中扮演上述我們談到的新角色。

中階主管是總裁接班者培育的「人財」庫，如何作好培訓教育，是亟欲永續經營的企業領導者所該重視的！

52. 新產品就最有價值？

　　有些經營者對於企管顧問提出「改變遊戲規則」的建議時，並不會反對，但總以為建立「New New Thing」，是全要以新的產品去創造價值，真實的答案竟是如此嗎？

　　我以前就說過：創新產品是很重要的概念，但是經營創新商品的概念更重要。像過去美國蘋果電腦公司（APPLE Computer）的OS就比微軟要好得多，但是，它假如能即時運用行銷策略使其OS成為流行標準(Defacto Standard)，後起的Windows S根本沒有發展的機會。

　　事實上，除了要做更好的產品，利用智識去創造價值，使顧客買到了東西，感到非常有價值，這才是最重要的。我們要從製造產品的領導地位，改變到解決問題的領導地位。設立公司，就是解決顧客的問題。

　　最近日本汽車業大力計畫把二手車(used cars)推向俄羅斯(Russia)就是一例。

　　當在美國新車市場上佔有一席之地後，如何進一步開發新市場呢？他們發現俄羅斯是一個新據點，因為日本車的品質(特別是四輪傳動汽車)適合駕駛在其境內普遍品質不佳的道路上。

再者以目前其國內經濟蕭條狀況，自購新車能力的消費者比例降低，所以其二手汽車需求增加，2002年為48萬輛佔銷售車三分之一，但當中國大陸與東南亞國家關閉二手車出口後，黑市猖獗。另外，日本新政策鼓勵民眾三年就換車，因而二手車數量愈來愈多，此時俄羅斯的需求正好是缺口。2002年日本已出口20萬輛二手車到俄羅斯，形成新商機。

因此有價值的東西並不見得是全新的事務，而是懂得重新安排運用在適用的地方。

所以利用現有的技術或構想，應用在已存在或不存在的產品或服務上，以創造價值或創造新市場的研發活動，為顧客提供一個整體解決方案(total solution)，造就價值鏈，就是追求成長的原動力。

53. 知識經濟的新經營法

　　我們已經進入知識經濟時代，但是知識經濟的新經營法，跟過去工業時代的經營法有何不同？我想最大的不同是，工業時代重視看得見的東西，也就是土地、廠房、勞力、資本等；知識經濟時代重視的則是看不見的東西，也就是以人的知識與智慧所創造出的利潤與價值。

　　事實上，知識的新經營法就是改變遊戲規則經營法，我舉出以下幾點：

　　一、品牌經營：我常說，品牌不是由企業所創的，而是由顧客的口碑建立起來，是因為顧客認識品牌，並對品牌建立起忠誠度，才能建立起來，而不是依靠企業砸下巨額廣告費用將品牌建立起來。

　　台灣大部分的企業對於品牌經營多不重視且陌生，小部分知道要打品牌的企業，卻不能掌握正確的時機，導致品牌效應無法產生。我常說，打品牌是必須在市場的真空狀態下，而不是在市場處於狂風暴雨中。

　　我很久以前就鼓勵台灣廠商到大陸去創造世界級品牌，這是因為當時大陸經濟才剛萌芽，外國企業尚未關注到這個具有龐大

潛力的市場，當時大陸的市場就屬於真空狀態，所以很容易就能在當地打響品牌，然後進軍於世界。但是近年來，大陸的經濟發展突飛猛進，全世界的企業無不冀望爭食這塊市場，這時大陸市場已處於狂風暴雨狀態，我們要進入自創品牌自然有其困難。

另外，以日本豐田汽車為例，它進入美國市場成功後，發現消費者普遍認為TOYOTA是屬於中產階級品牌，消費者能接受的車價約在三萬美金，根本無法賣出高價位的汽車，所以豐田汽車又創了一個品牌凌志（LEXUS），設定為高級品牌，車價約為六萬美金，成功的打入高收入階級。

所以企業不應該繼續投資在看得見的東西上，而應該以創造品牌的方式，有創意的運作品牌，前幾年快速成長的日本著名休閒服飾UNIQLO就是最好的證明，它僅做產品設計、品質管理、行銷通路，至於生產工作則交給大陸廠商，果然打響了低售價、高品質的品牌，深獲消費者認同。

二、品質經營：品質經營就是顧客滿意經營，過去企業運用非常多的手法，例如：TQM、ISO9000、ISO14000……等來達到品質提升；現在對於品質的提升大家談的則是六標準差，為什麼企業要推展六標準差？簡單的說，就是為了賺更多的錢。

因為過去企業對於品質的定義是朝「符合標準」為目標，但六標準差則有不同的定義，它重視「替顧客及企業創造價值」。

換言之，實踐六標準差是提供顧客有權利，獲得滿意且高品

質、低價格的產品和服務；它給企業有能力生產高品質、低成本的產品和服務，以獲取最高的利潤。六個標準差最具力量的地方在簡單，因為它結合了人員能力(people power)與流程能力(process power)，也就是能排除「阻礙企業組織達成目標的要素」。

前奇異公司總裁傑克‧威爾許（Jack Welch）在過去就是堅持推動六標準差，使顧客感到滿意而增加利潤。傑克曾說：「六標準差理論是我們從別的公司學來的，但是對六標準差理論的實踐以及追求，則是奇異公司獨特、完美的企業文化。」六標準差的全面實施，使奇異從1996年到2000年之間，額外賺進150億美元的收益。

三、產品設計經營：我們必須傾聽顧客的聲音，知道顧客需要的是什麼，才可能設計出顧客所喜愛的產品，進而為企業獲取利潤。事實上，品質是設計出來的，是從一開始有產品設計的念頭就已經存在，產品的設計攸關產品70% 的成本，而80% 的品質問題，則是無意間被設計到產品裏去的。所以產品設計必須應用六標準差設計DFSS(Design For Six Sigma)。

企業必須從產品發軔開始，就以六標準差的高標準，做出「顧客喜歡」的產品為目標，讓顧客有驚艷的感覺，燃起愛不釋手的衝動，並願意掏腰包採取購買行動，當然前題是，我們設計出來的絕對是最好的產品，品質保證當然也是無庸置疑的。所以

實行六標準差設計最重要的目的：就是要替顧客創造價值，也讓企業獲取利潤。

例如，路邊的飲料販賣機，當我們要購買的時候，常發現它總是顯示售完，這就是產品設計不良導致的結果，當顧客希望購買產品時，我們卻拒絕顧客的購買，下次顧客怎麼還會再上門？

如果我們在設計時，就將永遠滿足顧客的需求放在裡面，就會產生許多創意，我們可能會在機器上面加上一個通訊系統，掌握每台機器的銷售狀況，只要即將銷售完的飲料，送貨人員就會立刻補上，讓顧客永遠都能買到新鮮的飲料。

如果我們在設計上沒有對於顧客的關心，就會像現在的販賣系統一樣，一直要等到輪班的送貨人員到來才能補上飲料，送貨人員所做得是無意義的固定巡迴到不需補貨地點的工作，不僅顧客感到不滿意，企業也徒然浪費資源。

四、新事業模式經營：什麼是新事業的經營模式？舉例來說，美國金百利公司過去是成功的造紙製造業，但是發展到成熟期之後，成長停滯不前面臨了瓶頸，於是金百利就開始思考事業模式的轉換，將造紙工廠全部出售，但仍不脫離紙的本業，轉換為消費品的金百利，透過過去品牌的建立，成功的將其他消費產品推廣出去，而建立了企業的新事業模式。

奇異公司也是相同的，過去奇異公司的事業模式是定位在製造業的奇異，但是奇異公司發現它們要提供給企業的不僅僅是產

品,更重要的是它們的服務,經過新事業模式的轉換之後,奇異將自己定位為產品加服務的奇異,不僅提供產品,更提供服務,讓業務範圍擴大,也讓顧客因為滿意服務產生忠誠度。

五、虛擬通路經營:台灣經濟的問題是什麼?許多人錯誤的認為是企業轉移到大陸所致,事實上,真正的原因是顧客流失了!因為除了電腦業以外,其他傳統產業的展覽規模都逐漸縮小,外國的買主自然也跟著流失。

所以我曾在1996年時,建議政府應該成立一個屬於國家背書的「台灣精品網」,成為企業與全球顧客之間的介面,讓顧客能夠透過網路找到台灣的企業,並能夠方便的下訂單。至於為什麼要靠政府背書而不能由民間興辦呢?這是因為網路世界最重要的是獲得顧客的信賴,顧客有安全感,才會放心的購買產品。

但是往往我一提到網路,就會有人善意的告訴我,網路已經泡沫化了,網路經營是沒有未來可言的。不過,我始終認為電子商務絕對是將來買賣交易的主流,總有一天所有的企業都將成為網路公司,那是因為所有企業都必須網路化,也就是說,所有企業都該是e流企業。

以日本為例,日本雖然是網路落後國家,但根據日本電子商務促進協會(ECOM)報告指出,2000年B2C營業有8,240億日圓,是1999年的2.5倍;B2B交易額為21.6兆是1998年的2.5倍。預估2005年B2C交易將達13.3兆日圓,是現在的16倍;

B2B交易則為110兆，則為現在的5倍。

如以全球電子商務規模而言，據聯合國貿易暨發展會議（UNCTAD）研究報告指出，2002年全球電子商務交易量約達2.3兆美元，較2001年成長50%，預測到2003年底，全球電子商務將成長到3.9兆美元，到2006年則將成長為12.8兆美元。

所以企業必須重新將事業建立在虛擬的網路上，也就是說，今後所有企業都應該注視二個世界：一個是實質世界，一個則是虛擬世界，才有機會因為透過不同的通路，不僅在區域上，更能在全世界有顧客的地方，跟顧客取得接觸，真正為企業創造無限利潤與價值。

54.「通貨緊縮」的競爭思維

　　2002年12月麥當勞出現虧損，創其47年企業史上頭一遭，決定關閉全球10國175家經營不良的分店，並撤出另外三個國家，甚至董事長兼執行長葛林伯格（Jack Greenberg）下台，此與物價下跌息息相關。美國麥當勞打算續以大筆廣告金額促銷「一美元菜單」(Dollar Menu)，然而日本麥當勞卻發現她推出59圓漢堡，賣得業績並不如之前半價漢堡好，反而比過去減少兩三成，低價競爭的策略是錯誤的嗎？

　　我認為麥當勞的困惑，並非是單純的個案，它反應著「價格破壞」的嚴重性，這是經營者面對「通貨緊縮」(deflation)前所未有的現象──愈來愈多的產品投入市場，但能賣到的錢愈來愈少。

　　很多經營者都知道要提供「價廉物美」的服務，但我必須說那是基本的，想要獲利必須具備有價值的創新，也就是做不同才是關鍵！

　　像日本製的手機比大陸製的成本價格高兩、三成，於是某些廠商就研發附加功能，比方照相、錄音等，讓其產品更具競爭力。南韓三星也是採取創新設計的方式，突破價格破壞，所以，

2002年營收高達近13億美元,較前年成長25%。而日本新力(SONY,世界第6大)、佳能(CANON,世界第34大),也都是以同樣的策略,在逆勢中增益。

當然,有價值的創新是必須建立在執行上,它包括:顧客導向的設計、產品開發的速度、提高產品附加價值,進一步找到市場利基(niche)!

所以我說:過去是大魚池養大魚,現在則是小魚池養大魚。因為經營獲利不在市場規模,而是在於對準你的顧客是誰?從行銷角度即從區隔化進一步到細分化,準確掌握目標顧客群,提供超越他們期待的商品與服務,才能真正有獲益的可能!

55. 變革需要卓越領導者

　　英國《金融時報》(Financial Times)2002年選出全球十位企業傑出領導者，其中有九位是美國人或者日本人，另一個是巴西裔的日產汽車社長卡羅斯‧葛恩(Carlos Ghosn)，當年才49歲的他，在不到三年間，將虧損慘重的日產脫胎換骨，並且在低迷的日本經濟樹立變革典範。

　　1999年六月就任營運長(Chief Operation Officer)，葛恩就致力節約成本(Cost Cuts)。不到120天就決定關閉五家工廠，一年後任社長(President)，至現2002年，共減少21,000職務，並打破傳統墨規，以成本決定零件供應商，節省20％的訂貨成本。

　　更讓人津津樂道的是連串變革計畫都達成了。這些計畫都是他親身與部屬溝通，評估日產有能力達成所訂下的，並非是任意的決策。1999年「日產復活計畫」(Nissan Revival Plan, NRP)，原定三年的NRP，提早一年達成了。2002年初「日產180」計畫執行不久，營業利益即達4.75％，因此營業利益設定為8％，到2002年9月，日產的營業利益已經超過10.6％，比豐田跟本田都高，2003年營業利潤超越本田！而1999年的2.1兆日

圓負債，在2003年將償還完畢。

促成篲恩進入日產的關鍵人物是前社長Hanawa Yashikawa，他於2000年退休讓篲恩接任，最近對於日產復興有感而發的撰文指出：變革沒有魔法，世界上沒有所謂的奇蹟！

他說早在1995年，日產就有關閉五座工廠的計畫，只是員工普遍都沒有變革的心態，所以變革只留在紙上談兵的階段，根本就沒有啟動的機會，但日產營運越來越惡化，所以最後決定用外人來拯救日產！

事實上，變革沒有捷徑，沒有藉口，也不可能永遠一帆風順，最重要是要先找對的領導人，了解你的企業與員工，建立變革的共識，實事求是，設定明確的目標與執行優先順序才是關鍵。

所以，我才會不斷說如果日本能請他去當首相，不用二年時間日本的經濟問題即能迎刃而解，用意就在於一個領導者的重要性！

56. 親自了解問題是領導者的本務

　　我們常說領導者要懂得授權，不需事必躬親，表現出開放的心胸，然而，卻被有些經理人誤解為只要談願景、想策略即可，事實上這是一種迷思。

　　我認為領導並非事事管理，但要培養對問題親自參與、了解與投入的態度，以教育的態度引領員工實事求是。也就是說，領導者得全盤了解方案的運作，確實知道它可以帶來的好處，還要和執行的員工討論，然後必須進行後續追蹤，讓員工不敢掉以輕心能夠切實執行。

　　1990年代中，奇異公司前總裁傑克‧威爾許在任時，有人向他推薦美國標準公司(American Standard)的執行長坎普里斯，因為這家公司某些廠房年度平均存貨周轉率近40次，遠高於一般公司4的平均值。大幅增加庫存周轉率有助於增加現金與增加投資報酬率，在當時算是一項新觀念！

　　傑克‧威爾許聽聞後對此很感興趣，但並非先派遣部屬了解，而是親自去拜訪坎普里斯，與其詳談以了解實際運作情況。

　　而在與他們晚宴中，他刻意坐在兩位廠長間，這兩位所帶領

的工廠存貨周轉率分別是33與40。傑克·威爾許仔細詢問他們執行的相關細節與碰到問題克服的新方法等。

等他掌握這項新方法後,當下定執行的決心,再派部屬赴美國標準公司實地見習,全力引進並推動,形成企業文化的一部份。2001年他退休時,奇異的存貨周轉率提高一倍,達到8.5次。

以此,我想再次強調:企業經營上沒有所謂奇蹟,除非真正下功夫。領導者在推動新構想變革時,唯有實事求是、親自深入了解,才能知道要運用哪些資源,應具備怎樣的技巧與心態,才能貫徹必要的變革。

57.「豐田式生產管理」之綜效

　　日本經濟黑暗期時，由社長張富士夫(Fujio Cho)所帶領的豐田(Toyota)企業，卻創造出超過1兆日圓的稅前盈餘，於是，「豐田式生產管理」的做法立刻引起企業各界的關注，並紛紛起而效之。對於其生產管理該怎麼做、如何做？以服務業為例，日本多家始奉行「豐田式生產管理」的企業，其做法值得諸位作為參考：

　　曾是日本最大零售業的大榮百貨，在持續面臨虧損狀況後，曾希冀透過管理運作的改善以達獲利，因此，大榮在川崎市的物流中心，首度將「豐田式的生產管理」引進企業，結果除庫存量大幅減少外，食品類產品過期腐壞而丟棄的情況也較以往降低許多，不但收益增加，一年下來更節省了三億多日圓。

　　接著，大榮將這套生產管理方式逐漸推展至各賣場、庫存中心……，也都獲得非常顯著的進步。

　　此外，洗衣業者也開始重視這套管理模式。由於，業者經營存在著「工廠式」管理的思維，因此，當大量衣物送交至洗衣業者手中，往往採自動化大型洗衣機一貫處理，但是，大量處理的後果卻常造成衣服混色、縮水……等現象，以致引發顧客抱怨的

狀況。

基於此，洗衣業者開始改變處理方式，針對衣物不同的素材、毛料、顏色……等，採取分類處理作業，減少了損壞率的發生；另外，以往因大量處理衣物所產生的延遲、誤配問題，也改以小批量的方式解決，並按照顧客對衣物收件的急緩做靈活處理，經過這樣的管理變革，的確為洗衣業帶來極大的正面效益。

而在醫院，同樣也有非常好的效果。有許多人排斥到大醫院看病，最主要的原因在於看病有大部分的時間是浪費在排隊等待上，所以往往需耗上二、三個小時，非常折騰人；但實際上，看診時間只需三分鐘即可，再加上掛號、填單、付錢、拿藥……等其他醫療事務性流程，最多不過需要十五分鐘。

因此，日本某家醫院院長發現這個問題後，立即將豐田式管理引進，不久，果真為病患解決看病時間冗長的問題；同時，院長也會要求所有員工，在每天早晨的會議提出檢討，凡認為有需要改善的地方就可以提出報告，加以改善。

有不少企業準備推動「豐田式的生產管理」，我認為，這確實是值得加速去推動、發揚的，不過，企業也必須注意，一套好的生產管理方法固然重要，更重要的是，必須把整個管理精神融會貫通至企業文化之中！

58. 危機中的變革智慧

「真正偉大的領導者是能把極為平凡的事轉變為不平凡；或者在眾人不苟同的環境中，他能夠有勇氣提出異見，掌握住真正機會，將組織帶領到永續存在的境地。」有人讀到我所寫的這段話，問我：在當今企業家中，值得稱為典範的是……？

我想路·葛斯納(Louis V. Gerstner)是最有資格的人選之一。

其以一個資訊產業的門外漢，在IBM九年時間(1993-2002)，展現具有危機變為機會的智慧，將面臨消失危機的美國產業國寶，重燃生機。

葛斯納在回憶這段過程，提到：我學到的第一件事，就是不管你必須做的事情有多困難或者痛苦，要儘快放手去做，同時也要讓每一個人都知道你在做什麼，以及要這麼做的理由。遇事慌亂和延宕不決，只會使情況更加複雜。你沒有猶疑、隱藏問題的本錢，應該儘快把問題拋諸腦後，才能專心向前邁進。

他於1993年接任時，IBM虧損160億美元，他斬釘截鐵地向外界說「IBM現在最不需要的就是願景。」當時曾引起一陣譁然，很多企管專家都質疑他的說法，但事實證明，他的異見是

對的！

因為當時頻臨死亡的IBM最需要的就是能存活下去！哪還談什麼願景呢？他上任九十天，就發現其檔案櫃裡多的是願景聲明，錯綜複雜的計畫一堆，但是癱瘓的IBM已沒辦法根據任何預測來採取行動，而是要立即解決問題。

他要求每個事業單位去執行一連串確實可行的策略，也就是第一要務是恢復公司的獲利能力。其次，是打贏顧客爭奪戰；這不是願景而是盡全力去服務顧客，成為提供唯一完整服務的供應商。在市場方面，積極拓展核心產品市場。

最後，還是為「回應顧客」——更體貼顧客、加快週期時間、加快交貨時間，以及提高服務品質。以此連串的變革行動，讓IBM活下來了而活得越來越好，他退休那一年，IBM獲利80億美元。

這就是葛斯納將危機化為轉機的智慧。

59. 裁員是企業的萬靈丹嗎？

　　許多企業在不景氣時，往往最先想到的是裁員，因為可以立即減少支出，馬上看得到效果，然而，這樣做就可以一直避免企業失血？

　　我認為這或許是一帖「止血」劑，卻不是好藥方。理由在於：

　　一是凸顯人員過剩，「人財」不足的問題。公司裏面，領薪水的很多，可以用的人卻沒有。但更暴露出企業不知如何活用員工，造成企業內的失業問題。像最近日本一些企業，經營虧損，所以急於仿效美國企業"corporate governance" 觀念引進外部董事來治理公司，但結果並不如預期，根本的原因就是領導者只是管理而忽略激發企業的創造力。

　　所以我認為corporate governance真正的內涵是企業經營，做當下該做決策，創造高利潤，也就是塑造培育人財的環境。

　　二是企業領導者應該想到的是核心專長的問題。但是這些核心專長的核心並不在於這些產品本身，或者是在於這些技術，而是在於組織的人，尤其是他們的腦力，雖然看不見，但這才是真正重要的東西。

事實上，在智識經濟時代，重視創造力，也就是增加附加價值的智力，才是企業治本的關鍵。

我認為要讓員工有創造力，必須尊重、讓他們感覺自己是公司不可或缺的一份子，勇於提出異見，產生工作熱忱(passion)，是領導者要先做的事。

我想可以有很多的方法來獎勵他們，激發他們熱忱。例如，可以設立提案制度來獎勵員工改變，這樣一來，也可以塑造出鼓勵創新的文化。所以最好由領導者親自力行，給員工新的構想，鼓勵企業內創業，研究要怎麼樣跳出原來的框框。我過去也提到：設立概念研發的部門，或是設立非正式的活動(像是定期的聚會)，亦可以打破既定的行為，產生創新的價值。當然，所謂的獎勵，並不限於用錢的方式，也可以用榮譽的方式來進行。

最後我必須強調：因為熱忱才會關心人，而關心人之後才會開始動腦筋，從這裡引發出來的也就是企業家的精神；試問：如果你對所有的事情都是無動於衷，你怎麼會有創意呢？怎麼會刺激你的腦去想怎樣解決問題呢？

60. 財務就是經營──慎選你的 財務長

　　在2001年底，財星雜誌五百大企業(Fortune 500)中曾列名第七大的恩龍公司(Enron Corp.)發生美國最大宗破產，目前事件越演越烈，許多員工眼看自己辛苦經營一輩子的老本毀於一旦，準備訴諸法律，而美國司法部門針對其不法活動(illegal acts)刻在著手調查其幕後複雜的原因。

　　恩龍成立於1985年，是以天然氣、電力交易起家，事實上，在破產前恩龍有段風光時期，最具革命性的是成功引進電子商務，在該網站上交易商品有2,100種，每日平均25億美元，與奇異電子商務同為典範。在2001年8月，總裁雷伊(Kenneth L. Lay)還自信滿滿的說：「本公司表現空前傑出，我們的業務空前旺盛，我們是美國最好的一家公司。」「恩龍股價將大漲。」當時，說這話沒多少人會懷疑，因為該公司剛創下連續21季正成長月的佳績。但隨後在短短半年不到的時間，從每股90.75美元，跌至1元以下，減少660億美元市場資本，紐約證券交易所並決定將該公司股票列入除名股票名單，形成悲劇，為什麼？

　　公司財務經營認知出了問題。經營者聘用財務長法斯托

(Andrew S．Fastow)是從事槓桿購併出身，他網羅全美最頂尖的商學院上千的MBA畢業生，研究如何用大筆熱錢進行資產負債表外的交易，如衍生性商品或境外控股公司的投資，然而，這種融通求取企業迅速擴張的行徑，已暗藏違法之情事。

其一是虛報利潤、隱藏負債。但美國最大的安德信顧問公司(Andersen Consulting)在進行會計認證，卻沒有查出。因為他們深諳利用子公司作為賬目魚目混珠的操作手法，當然，這又牽涉到美國會計制度的完整性與公正性的問題。

其二對經營政商關係甚為用心。恩龍長期投資政治獻金包括布希及其團隊，而據統計從1989年到2001年，共有七十一位兩大黨參議員與一百八十七位兩大黨眾議員都曾受惠，但其中可能涉及不法勾結與違法超貸。這亦是美國司法單位調查的重點。

我認為整個事件對企業的啟示，莫過於凸顯出財務長(Chief Financial Officer, CFO)誠信的重要性。

財務長不僅是要未雨綢繆、作好現金流量的財務規劃，也要能對產業、對公司執行過程相當了解，並能提供獨立客觀公正的財務資訊，以協助決策者或管理階層做好決策。在未來他的角色會愈來愈重要，所以我也要提醒經營者必須慎選你的財務長，而將人選的人格特質納為首要考量。

61. 推動六標準差是永續經營的歷程

美國心理學家卡·羅吉斯曾言：「美好的人生是一種過程，而非目的和狀態，是方向而不是終點。」

我認為這句話放在企業裡相當適用。因為，同樣地，追求完美的歷程就是企業永續經營的使命，是一種持續的過程。

所以，我曾受邀在台北國際會議中心主講《Six Sigma領導變革的致勝關鍵》，我特別提到：重視品質的企業文化，是落實六標準差(一百萬個產品中僅容許有3.4個瑕疵品)的要素，而其目標就在創造顧客滿意的價值，達到永續經營的境地。

那末，什麼是一個重視品質的企業文化？有幾點觀念值得經營者反覆思索：

第一，以人為本是以顧客為本。

以人為本不是強調本位主義，像有些員工發現了企業的錯誤卻都不說出來，都抱著 「這不關我的事」的想法，採購只關心採購的工作，營業部門只顧其營業部門。事實上這是一種錯誤！如此未具關心全體(內部和外部)的顧客，絕對無法與人競爭。

第二，展現革除馬虎的決心。

談論六標準差，我們所欠缺的不是技術、設備、方法、流程或理論，而是決心，應革除得過且過、馬馬虎虎的心態。對追求品質而言，馬馬虎虎是最大的致命傷，或許有人認為這是中國人的天性，但我一直不苟同，若到故宮博物院參觀，可看到許多前人精緻的成品，甚而令許多外籍人士嘆為觀止。

IBM前亞太品管學院院長湯瑪士‧巴瑞博士曾非常感慨的對我說：「如果今天台灣工商界人士能學習這種品質，今天的世界第一不是日本，而是你們。」所以，企業面臨最大的挑戰是本身有無決心的問題。

第三，品質是一種生活價值與尊嚴的確認。

這個觀點我在1987年便提出，而且覺得至今愈來愈重要。它不但展現了社會的價值與尊嚴，也建立工作、管理、決策、環境之品質，進而提升了生活品質。

這是因為企業與商品在整個社會的結構中，其銷售與服務已成為生活中的要素，而且企業所塑造的文化連帶影響社會的文化，商品所建立的價值與尊嚴，也必連帶的創造社會的價值與尊嚴，為達成產品的價值，就必須建立起工作的品質、管理品質、決策品質及環境品質，進而提昇生活品質及生存價值的品質。

第四，品質來自不斷的反省。

品質對許多經營者而言，已是老生常談，然而令人感到遺憾的是，說與做往往呈現極大的落差，有的認為產品品質做好即

可，殊不知服務品質一樣重要。所以，應從領導者本身做起，改變心態和工作的方法，拋開以往的束縛和價值觀，成就新的自我、改變自己。從「尚可」(not bad)進步到「好」(good)，再到「傑出」(great)，將失誤率降至最低，這就是當前奇異、摩托羅拉推行六標準差成功的要素。

因此，我願不斷提醒經營者：品質是每個人持續不斷地反省，也是維持企業壽命的原則，任何事情皆可以妥協，唯獨品質不能妥協。道理即此！

62. 六標準差的成功關鍵

　　現在愈來愈多的企業知道：推動六標準差品質計畫的重要性，因為邁向六標準差，每提升一個標準差，就能節省10%-15%的成本，爭取市場佔有率，以提昇獲利率。但是，為何有些企業並沒有應用得很成功，原因何在？

　　我認為這是對六標準差的定義與作法沒有完全了解所致；導致其與企業文化有著很深的鴻溝(gap)。也就是，領導者對於其品質定義欠缺認知，或者是知道後所給予的承諾與決心不夠，導致執行無法貫徹。

　　事實上，過去的品質定義是朝「符合標準」為目標，但六標準差則有不同的定義，它重視「替顧客及企業創造價值」。換言之，實踐六標準差，是給顧客有權利獲得滿意的高品質和低價格的產品和服務；它給企業有能力生產高品質、低成本的產品和服務，以獲取最高的利潤。

　　因此，六標準差的目的並非只有數據的呈現，而是在於要獲得更多滿意的顧客，而為企業賺更多的錢。故其關鍵性的原則，即應以塑造「顧客滿意的文化」為核心。

　　奇異公司為了滿足顧客的需求，以六標準差的設計理念，在

近四年來，其醫療事業就推出了超過二十二項產品，在2001年，其醫療事業51%都來自這個結果。

像新CT掃瞄器──LightSpeed，在1998年一推出便轟動市場。理由就是這款掃瞄器能在17秒便能完成掃瞄胸部，而同樣的動作，傳統的掃瞄器卻必須花上3分鐘；另一方面，針對舊掃瞄器95%熱量都沒有運用，燈源的壽命短等缺點，LightSpeed皆有顯著的改善。

除此，交貨的基準時間，由顧客指定的時間，延伸為顧客創造第一筆利潤的時間，亦即，包含從顧客下單日到顧客進行第一次掃瞄的日期。每一份訂單都清楚記錄顧客預定啟用日期，每個生產單位都張貼變異圖程度表，因此每個員工都了解進度，強化為顧客服務(for the customer)的意識。

這對奇異而言，六標準差帶來了是全面性的變革文化。

所以，藉由內部品質衡量基準與外部顧客需求，六標準差可以幫助我們獲取顧客信任而獲得利潤。我一再強調：要推動六標準差是企業裡每一個階層的事，唯有全心接納顧客，才有成功的機會。

63. 經營企業捨我其誰？

　　有句成語「捨我其誰」，大概意思是，除了我還有誰的意思，這句話是孟子的自負語，在當時對於國難當前，許多能人志士是擁有這樣的胸襟，但這句話，並不完全適用於治理企業上。

　　我曾到廣東講課時，有一位老闆問我，他說他經營的企業，尚有兩位合資人，他們三位相處的並不愉快，也就是在經營上意見分歧，這個情況長達三年，也因為這個緣故，這三年間企業都沒有獲利。

　　直到現在不變的是，我們三個人的意見還是完完全全的不一樣。我問他，以經營來講，是你懂得經營，還是他懂得經營？他回答說，是我在經營，他們不懂得經營，我就建議他：你就放棄這個企業，再去創造另一個新的企業，這樣企業的成長才會快。

　　雖然這是我的建議，但是我不認為他會這麼去做，因為對於企業經營權，幾乎所有的人都是抱持捨我其誰的觀念，認為只有我行，別人都不行，繼續下去只有內耗，最後企業也可能垮台，所以我才建議他，不如他先放手，也要求其他二位都放手，然後交給專業經理人去經營，這個企業繼續成長才有機會。

　　但是如果其他二位不同意，你還是必須放手，就把自己的股

　　份撤出，這部份就算有吃虧，也不用太計較，因為我們要看的是未來，而不是眼前，然後真正放手讓他們去經營，未來如果這個企業因此跨台，責任與關係也已經不在你身上。

　　我認為，如果這個老闆的核心專長，真是在經營管理上，另去創一個新的企業，在不受理念牽絆下，新創立的企業一定能經營得更好。事實上，合夥生意在創業初期未獲利的情況下，大家還是會為了共同理念無私的奉獻，但是一但企業獲利了，人也會開始起了自私的貪念，為了計較利益，什麼事都可以拋在腦後。

　　然而企業面臨經營者不和的狀況，我認為，除了人的貪念以外，長期的溝通不良也是原因，因為溝通不良會讓彼此失去信賴關係，所以企業經營者不要忽略了「溝通」的重要，在企業內必須塑造大家都願意把內心話說出來的環境，這樣不僅能增進彼此的瞭解，信賴關係也會因此建立，企業在大家同心協力下才有成長的可能。

64. 如何超越「成長的極限」

　　觀察企業成長歷程：公司在成長了一段時間後，就開始忙著餵飽市場，擴大銷售量以確保利潤，然而，成長能持續多久呢？一味追求市場佔有率通常就會碰到瓶頸，即使組織重整，也無法有效阻止成長下滑的頹勢，此乃所謂「成長的極限」，這種狀況該怎麼解決？

　　星巴克(Starbucks)的經驗，值得我們省思。

　　其自西雅圖起家，1992年上市以來，平均每年營收持續以20%的成長率增加中，十年來股價上漲逾2200%。2000年會計年度的前三季，營收為24億美元，盈餘1億5950萬美元，現在美、加連鎖店數多達4247家。

　　但這樣快速的營業擴張，也加快他們面對「成長的極限」的時機，因為遍設分店雖擴大了市占率，卻也無可避免地分食了現有連鎖店的營業額。甚至一家媒體刊物以誇張的標題：「新分店開在洗手間(A New Starbucks Open in Rest-room of Existing)」，來揶揄星巴克，成為老美商業笑話。

　　為此，星巴克營運總部現行所主要採取的因應策略為：

　　一是「加速向全球擴張」(Go global guickly)。為降低海外

市場風險，多半採合資經營方式，來複製盈餘高成長的成功經驗，像在台灣其就與統一企業合作。在1999年，海外只有281家分店，如今已達到1200家，已經名列美國《商業周刊》全球成長最快的百大品牌之一。星巴克計畫三年內要把全球連鎖店數增為一萬家。

二是銷售更多非咖啡產品來增加盈餘。比方推出售價8美元的三明治、點心和CD，這些販售收入約占總營收的16%，但這結果並不如預期的理想，還有很大努力的空間。

以星巴克的經驗啟示，我認為克服此問題最好的方式是「未雨綢繆」。其具體內涵有四：

一、在未出現問題時，就要懂得改變，改變思維模式。

二、強化研發能力，也就是顧客導向的創新能力。

三、建立革命性的商業模式，爭取新顧客，也就是把原本非顧客群變為我們的顧客群，增加獲利率。

四、要避免多角化的陷阱，前提是這些新的事業項目，必須將交由真正懂經營的專業經理人。老闆有提議權，但卻無決定權，充份尊重與支持專業經營。

65. e-learning企業文化的內涵

我曾為文呼籲企業界「儘速推動e-learning的文化」，得到不少企業主的興趣與迴響，亦紛紛詢問總裁學苑(http://www.CEO21.org)這邊能提供多少協助的機會，其中有讀者問我：e-learning的企業文化，其真正的內涵是什麼呢？

文化是成功的基礎。我認為這是企業在試行前，值得領導者去了解、確認的主題。

在此我想先強調的是：e-learning不是一種「虛擬工具」而已，而是組織學習的實質延伸。

未來一個企業的成敗，決定在企業體內每一個員工學習的能力、意願與速度。組織學習的目的就是要建立學習型組織，透過學習使每個人學習內容速度方法都能受到啟發。

因為，今天在激烈的經營環境中，所有競爭力的建構絕非一個人就可獨立完成，所有的事情都需要團隊合作（teamwork）來成就，也只有透過團隊合作，從學習中來改變自己，如果我們的做法不一樣的話，我們才能夠從中獲得成果。

因而e-learning成功關鍵在於塑造網路化環境，讓組織內的成員都養成一種日常生活的習慣，形成學習的態度，進而相互分

享，達到組織學習的目的。

所以，我認為e-learning文化的內涵應該是：

一是全員參與學習。打破部門、階級，要使人感覺重要，要使人能學習且願意主動學習，變成願意改變的人，建立一起來學習的習慣。

二是講究效率。能夠讓學習效率化，達到是原先設定的目標，並沒有被打折扣，這是經營體系裡關鍵的要素；所以設定一個目標可以讓我們有明確的方向，並且讓我們了解自己在做什麼。

三是真誠分享。領導者自己要以身作則，並且應鼓勵每個人樂於分享他的經驗與意見，對於不同的看法給予尊重，形成討論風氣，創造更多智識。

66. 儘速推動e-learning的企業文化

管理大師彼得‧杜拉克(Peter F. Drucker)在其著作《下一個社會》（Managing in the Next Society）提出：電子商務將是新世紀的商業趨勢。我非常認同，早在發生網路泡沫危機時，我就主張電子商務是21世紀買賣的主流。在此，我更要強調：未來，在全球化企業裡，e-learning(網路學習)一定是企業教育訓練的主流。

甚至，我可以大膽預言：隨著寬頻設備的進步與普及，e-learning會是企業競爭力必備的條件。

為什麼？

我認為主要的理由如下：

一是可以請到好老師。所謂「名師出高徒」，請二、三流的老師不如請世界一流名師幫你作教育訓練，然過去企業受限與經費、時空，根本請不到大師讓員工得以有汲取一流觀念的機會，以致於成果大打折扣，如今，透過網路，則你可以有機會邀請到世界各地的好老師，接受他們智慧的洗禮，幫助企業發展最新、最好的營運策略、企業文化與競爭力。

二就是speed。在此的意思是裨助企業加快教育員工的速度。試想，靠傳統課堂要同步教育兩萬名員工達到企業的要求，要耗掉多少的資源、時間？但e-learning的出現恰好解決這個企業難題。比方美國最大零售業者沃爾瑪（Wal-Mart），它就深諳此道，特別租用六個衛星頻道，將最新的商品資訊，以第一時間傳遞給全球員工，讓他們能作好更貼近顧客的服務。

三是打破時空界限。亦就是創造「學習無障礙空間」。對於企業領導者與員工來說，與傳統實體上課模式相較，e-learning不易受時間、地點的限制，有較多的便利性。

四是節省成本。其直接效益就是節省金錢，符合低成本運作體系的建置。

事實上，IBM就是一個典範。

1998年，為了同步強化全球4.3萬業務員（sales）與客戶溝通的能力，他們發現e-learning是一個最好解決的途徑，不僅時間可節省三倍、費用更可降低二十倍(以往教育訓練預算達1.74億美元)，所以開始建立起這樣的學習文化，結果事實證明：2001年，IBM有40%員工參與，並節省2.65億美元。

所以，我要呼籲：企業領導者從自己做起，去推動e-learning的學習環境，讓員工養成習慣，形成文化，速度越快達到者，所享受的成果會越豐盛。

67. 建立「選擇」和「集中」的經營

　　在整個經濟消費的大環境仍未見大幅復甦之際，我觀察到一種經營現象：許多國際知名企業，現在紛紛改弦易轍，調整原本「擴大戰場」的作法，裁併不必要的組織，轉為「精簡經營」的思維模式。

　　所謂精簡，即為「選擇」和「集中」。

　　這種立論是基於，新的經營情勢演變，必須重新思考企業本身的組織和產品線，確認哪些是有競爭力、有成長獲利空間？哪些是不具有競爭力而為負擔？再依此，選擇——「核心競爭力」並集中火力——「不斷強化競爭力」，作為變革的基礎。

　　事實上，這個觀點並不是全新的，早在90年代中，在發生網路、電信泡沫化及嚴重金融弊端前，我就已經提醒企業界：要不斷建立核心專長、而非盲目從事非本業專精的事業項目。我深信企業經營永遠沒有懈怠期，也不能一再迷戀過去，因為，一旦自我膨風，罔顧成本效益，將隨時會有滅絕的可能。

　　所以，「選擇」和「集中」是一種基於現實而改變的戰略。

　　以下，就是一些實例：

1.日本TDK公司是一家世界級的電子組件製造商,在全球21個國家建有研發、生產和銷售基地,僱用員工逾3萬人。現在,它採取的就是這種作法:毅然關閉13個沒有發展性的事業部門(其業績貢獻度佔12%,達672億日圓),而準備採取增加海外生產比例、外包,並決定將焦距放置在三個最具潛力的事業群─數據化商品、車載高科技產品、高速大量的寬頻用品(三者業績貢獻度佔40%,達2250億日圓)。

2.全球第二大平面顯示器廠商LG.Philips,這家由南韓LG電子和荷蘭飛利浦(Philips Electronics)合資的企業,計畫投資1400億日圓,建立一條可以生產第五代薄膜電晶體液晶顯示器(TFT-LCD)的生產線,預估2003年底可超越日本Sharp,成為世界最大的TFT-LCD供應商。

3.南韓的三星電子是全球最大記憶體晶片製造商,正積極為自己作「變身」調整,最近關閉集團內三十四個不賺錢的部門,減少一萬多名員工,董事會成員減少一半至14人。

4.南韓政府在整頓經濟、金融環境,也是採取「選擇」和「集中」:1997年投資兩兆韓圓,選擇兩百家不良企業積極重整,徹底清算財務,力求透明化,並要求公司治理董事會一半聘用外部董事,以改變經營體質;而對其三十家大型財閥,也大幅改革,後來包括大宇在內的十六家關閉;投入150兆韓圓(約其GDP四分之一)處理銀行不良債權,2001年會計決算,在二十一

家銀行中，已有二十家呈現盈餘。所以，不到五年的時間，南韓企業又恢復生機，也刺激經濟的上揚。

因而，「選擇」和「集中」，可視為企業「追求完美」過程中，所衍生出來的策略。也就是要認清自己的處境，何者是我們的負擔？何者是我們的長處？優勢能持續多久？如何強化？所以就像我所常講：經營最高境界就是「求真、求善、求美」！

68. 永續經營的力量

有人說企業最現實、無情，然而，你仔細觀察那些永續經營的企業，他們的經營者反而最強調人性面的生產力。

廣達董事長林百里、英業達集團董事長葉國一及前副董事長溫世仁等企業界代表成立三愛OB(Old Bone，老骨頭)會，他們都是1970年代在三愛電子的老同事，在商業快速變動的環境裡，如今各自發展出新事業，卻追憶著當年共事的往事。

誠如溫先生所說：除了敘舊、感謝當年高董事長育才之恩外，更為了喚起正面精神。

他指的就是當年那份無私、務實、勤奮、體諒以及包容的打拚精神。因為他們覺得以當時台灣的電子業草創環境，能在三愛這樣一家電子公司工作，並不容易，份外珍惜，展現工作態度自然就特別認真與踏實，而這幾乎是台灣當年那個時代下，年輕人工作態度的寫照。

事實上，這就是人性面的生產力，也正是永續經營的力量。

當努力發揮個人最大潛能時，生命自然會產生力量，使我們專心於頂尖的表現。而且我們的員工都會是熱愛生命的員工，內心心存感激，永遠關心這個世界，這就是一種「愛」的表現，對

生命心存感激的態度。企業也會有一群熱愛不斷學習的員工，隨時學習新知，一直保持新鮮。大家互相學習，就會產生團隊合作。一旦改變工作心態，就可以從「尚可」，進步到「優異」，最後成為「傑出」。

所以，我常說：「真、愛、美」是企業經營的最高境界，道理即此。企業領導者宜往這個層面上多思考、作為。

69. 誠信是企業恆久的資產

　　最近在大陸發生一則企業故事。

　　一位老闆因帳務浮報導致違法破產被抓進牢籠裡，他昔日的幹部去探望，他竟脫口說出：如果不作假，我們企業早就玩完了！

　　我想問他的是：作假，真能夠永續經營下去嗎？

　　去年底破產的安隆公司也是一例。被欺騙的股東，最近把花旗、摩根大通、美林等九家投資銀行一併列入被告，直指這些券商明知安隆財務有問題，卻還聯手哄抬恩龍股價，企圖從中獲取數十億美元利潤。

　　我想說：想永續經營的企業，誠實才是最好的政策(To be honest is the best policy)。唯有當你取得別人信任，你才有做生意的機會。所以，我說失敗一次沒有關係，我們可以記取教訓，創造失敗的價值，但倘若信用沒了，人生也差不多完了，因為你根本無法與外界互動，你做生意要貸款，銀行也不敢貸給你，因為大家都不敢信賴你。

　　所以我認為，信用是恆久的資產，並且無可取代。

　　企業信用的培養基礎在於：

一是領導者的誠信。以言行一致表達他的價值觀，能夠使員工發揮無限潛能，和大家一同實現願景。

二是財務透明，不報假帳。像恩龍破產事件促使投資人要求企業應強化財務透明度，最近奇異即召開財報為主投資人會議，這是百年來第一次，此次會議是總裁殷梅爾特(Jeff Immelt)就任後想持續推動的一項計畫，其重要性不言可諭。

最後，我要特別強調：信用的建立不是一朝一夕，其累積是長時間的過程，只要一不小心，你所累積的信用可毀於旦夕之間。

70. 牛仔褲大亨Levi Strauss經營啟示錄

擁有149年歷史，以製造牛仔褲聞名全球的Levi Strauss公司，陸續關閉北美共六座工廠，以及裁撤3600位員工(約佔員工總數22%)，並同時將生產委外製造。

Levi's執行長馬立紐(Philip Marineau)說：「今後將更專注於產品的設計與研發。」也就是從製造業轉為高價值服務業。

我認為這是對的方向，但我說這是遲來的變革。因為，Levi's的營運早在1997年就走下坡，五年來，業績從1996年的71億美元，縮減至43億美元，為連續第五年的下滑。雖然，她一直都有改善計畫，但始終沒有抓到核心。

事實上，核心關鍵就是「建立低成本高品質的經營體系」。

低成本的經營模式，像簡化流程，像以前工廠、經銷商、零售商、倉儲、營運、物流、錢流、都是很複雜的。但如果改變流程，產品直接由委外製造的工廠直接送到賣場，特別是充分利用網路環境，工廠直接和消費者直接相連，這樣就是我所講的，避免成本的發生。

因此所謂成本的降低，不是降低成本，而是完全避免成本的

發生。委外生產就是一個很好的方式。這算是一種「同業合作」，因為同業才能做出相同的東西。比如某一個尺寸的電視機，我就與同業策略聯盟的方式，由他們做這一種東西，將我產品裏面最賺錢的留下來，當整合產品時，大家都可以從高利潤的東西獲利。

以Levi's的啟示來看華人企業的低成本經營，我認為有三個重點：

一、透過網路，製造「多種少量」高附加價值的產品，台灣憑藉多年累積的即時生產反應能力，仍有接受委外訂單的機會。

二、但在大量製造部分，中國大陸作為大量生產的基地已是事實，從台灣工業區的空曠、廠房外移嚴重即可得知。我一再強調，再過五年能大量生產的，除了中國大陸外沒有第二個地區。

除非在中國大陸不會做的，你做才會賺錢，假如中國大陸會做的，你和他競爭，沒有賺錢的機會。所以我十分同意日本半導體教父川西剛所說：「日本應該做大陸不做或是不能做的東西，就是技術創新，而不在製造。」

三、改變的速度要快。儘管其執行長馬立紐說：「這是一個痛苦但必要的決定(This is a painful but necessary business decision.)」，我還是認為晚了些，若他能在五年前就下定決心，就不會有今天作這麼痛苦的決定。

71. 評麥當勞經營

　　全球第一大速食業者麥當勞公司(McDonald)因連續五個季度盈餘下跌，2002年第一季提出預警。在美國店面數目已被潛艇堡聞名的Subway Restaurant超越，同時在日本受到狂牛病影響關閉為數不少店家，以及法國業績不佳、土耳其餐館的關閉、反全球化……等影響，其後續發展頗受市場競爭者與投資者關注。

　　僅管如此，我認為這家從1940年由狄克・麥當勞(Dick McDonald)與麥克・麥當勞(Mac McDonald)創辦，目前在全球121個國家、三萬家連鎖店，2001年業績406億美元，其逾一甲子的的經營，仍有值得經營者借鏡之處：

　　一、快速度。他們發現速度是決勝的關鍵，因此簡化點餐流程、改善廚房流程並且注重衛生，簡單正確。我認為不僅是速食業，所有企業應把速度當作聖經(the Goliath of fast company)。

　　二、建立顧客導向的營運機制。在全球每個分店，都是為你服務made for you的精神，落實在地化(localize)，研發新產品。像印度不吃牛、也不吃豬，因此它賣特殊的羊肉堡；日本發

明「照燒堡」。

三、塑造QSCV的企業文化。品質(quality)、服務(service)、清潔(cleanliness)與價值(value)，是麥當勞的信仰，也是很好的企業文化。

四、靈活的行銷手法。日本麥當勞曾推出一個「平日半價銷售」的活動，周一到周五的漢堡一律半價。這種「虧本生意」，反而使麥當勞平日漢堡銷售量成長了4.8倍。因為顧客到店內消費，不會只吃半價的漢堡，大部分顧客還是會搭配其他未有折扣，而跟著熱賣起來，進而提升了麥當勞的獲利率。

五、注重企業培訓。麥當勞在企業內部自辦大學，這是在日趨複雜的環境下必須適應變動、迅速學習所推出的一種新舉措。

上述這幾項特質，都是經營的關鍵。

但我還是必須強調：世界上沒有永恆的經營定律，除了變之外。這幾年，麥當勞全球化成功經營模式，不是未來成功的保障。面對經營高峰後的新挑戰，有賴領導者轉換思維模式，才有繼續領先的基礎。

72. 信譽就是商機

　　安達信(Andersen)過去是世界級的會計顧問公司，列名業界"big Five"之一，因涉嫌允許員工銷毀與恩龍相關的文件而稽核不實，最近被美國司法單位指控妨礙正義(obstruction of justice)，許多重要客戶如達美航空(Delta Airlines)公司、默克(Merck)藥廠、……等已流失，其內部顧客─海外合作夥伴則為避免受到牽連，紛紛準備脫離，而在2002年曾手裁員數千名美國員工，顯示安達信的悲劇正在一幕幕上演。

　　這對企業經營啟示是什麼？

　　我認為最重要就是堅定的維護信譽(reputation)，這是企業裡最無法取代的價值。因為一旦沒有信譽，你的顧客便不敢和你接觸，作生意的機會馬上就沒有了，等於沒有商機。試著想想：現在安達信連要尋求買主併購看起來都不是那麼容易，為什麼？就是這個道理。

　　事實上，過去，安達信前任執行長史貝賽克 (Lenoard Spacek)，是位信譽的維護者。在他帶領25年期間，特別提出：查帳人員失去獨立性，應該採取更嚴格的會計標準。就因為這樣的高標準訴求，被譽為會計業界的良知，也使顧客產生信賴，自

然也為企業創造無數商機。

但要怎麼做呢？我認為須基於兩大原則：

第一即是「不能短視」。會計師事務所除了查帳外，還提供企業顧問服務，這兩者有利益衝突問題。對此，在2001年2月，其14位高層人員電話會議中，最後決定仍為安隆查帳，主要理由是每年可帶來1億美元的營收，但至此埋下了今日慘狀的引信。我常說：賺錢是企業最主要的目的，但這是在做「正確的事」(right thing)之前提下才有意義。當然，若你不想以永續經營為目標，生意只想「騙」一筆了事，就毫無留待討論的餘地。

所以第二就是認知：No company is above the law.確實守法。一切的商業行為，一定是遵守企業所在地與交易地的法律，沒有妥協的空間，進而履行與客戶的約定。事實上，不僅是企業法人，個人的信用亦然，當你被貼上「說謊」的標籤，如何能有說服別人、產生領導力呢！？

73. 新競爭戰略

　　威盛電子被《富比士》(Forbes)雜誌(2002/03/04）遴選為最具潛力企業之一，其總經理陳文琦在參與我所主持的《海峽兩岸經濟科技發展暨智財權研討會》(2002/03/05)中，當被問到如何看待與英特爾控訴的關係時，頗有感的提出：與同業間應追求「既競爭又合作」的共存關係。我滿認同其合作的理念。

　　我想補充的是，競爭是對自己競爭，才有辦法與同業合作。

　　因為處處和別人(對手)以「零和方式」競爭，其他同業一定想盡各種方式打擊你，想保優勢會很艱辛。但如果對自己競爭──和別人做不同的產品和服務，由於有差異化產生顧客價值，別人自然會敬重，因而和別人就有合作的機會與空間。

　　比方，日本有家生產電腦連接器的小公司，常常受到大廠的壓迫，要求降價，但是這家公司不僅沒有降價，反而在營運上年度經常利益常超過20％。為什麼？就是要求自己和別人不一樣，一旦發現產品沒有創新和別人做一樣，他的老闆馬上就停止生產這一種產品，力求設計開發更好更特殊的產品。因此他不必去求人購買它的產品，而是很多人來求他賣產品。

　　回頭看待威盛亦然！雖然在去年全球半導體產值衰退幅度約

32%，但其晶片設計受景氣波動較小，在台灣創第一的世界級產業，乃是因為他們不斷強調與力行：自有主機板(VPSD)產品線必須以創新技術來帶動應用市場為目標。

因此，我相信「不與人競爭」的方式，是經營企業成敗的關鍵所在。

所以我一再提醒經營者：

第一，企業的競爭對手不是我們同業，而是我們自己。

第二，企業經營最重要的就是要賺錢，而要賺錢，就要達到顧客滿意。不要錯把競爭這種手段當做是目的。

第三，要掌握企業的核心專長，並且不斷的延展核心專長。

第四，就是對自己競爭，與同業合作(outsourcing or cooperation)。

74. 經營是B2E(Business to Employee)的領導

　　一位青年企業家面臨事業重重的壓力，對於經營有很多困惑，他問我經營若干事，最後他請我歸結「正確該做的事」是什麼？我毫不猶豫的告訴他，經營是B2E(Business to Employee)的領導，經營就是培育。

　　我認為有些企業家，一直著重在外部管理，比方規模大小、年度獲益、股價多少等數字，這固然相當重要，但也很容易迷失在「策略與技術面」的陷阱裡，而忽略內部經營的重要，因為唯先有激發內部員工的潛力與智識，這個看不見的因，才能創造偉大數字績效，這個看得見的果。

　　所以，我過去就強調，對於企業領導者，員工是你的內部顧客，與外部顧客同等重要，這一切都基於人本，對人的關心與尊重，從顧客上門第一天開始，企業家就該負起責任，照顧他，培育他，為他設想，滿足他，使他成為你的終生顧客，替你創造最高的價值。

　　我認為傑克·威爾許是偉大的領導者，就是因為他做到了！

　　他就任奇異總裁後，就體認培育人財的重要，特別給所有可

能接班的人選歷練，不怕他們失敗，不論是不是他喜歡的人選，只要有好表現，就一直給予正面的鼓勵，最後，他對三個接班候選人的態度更使我動容。當董事會敲定人選後，他即刻親自搭機往落選者的住處拜訪與鼓勵，他對其中一位說：你只能責怪一個人，那就是我。同時，理解他們的處境，還替他們找後路。

事實上，他不僅幫奇異找到CEO，他同時替美國企業找到優秀的領導人財，一位去3M當總裁，另一位到家庭大賣場(Home Depot)房屋裝修連鎖店任總裁。

所以，經營即培育，意思就是經營一座養成卓越領導者的工廠。福特總裁曾說，「即使機器被搬走，廠房被燒毀，只要留下員工，我就能東山再起！」可想見人力資源對企業的重要性，因此，更進一步地說，領導者在遇到困難時，不妨想想自己在培育上有沒有顧客導向，使得企業內的全體員工早日獲得企業改革必要性的共識。

75. 重視EVA的經營

　　在過去公司比較注重銷售額的增加，但現在有越來越多的企業開始重視為股東創造了多少價值，由美國史坦·史都華（Stern Stewart）公司所創的經濟附加值（EVA, Economic Value Added)，訴求的就是這種觀念。

　　其計算公式是EVA＝稅後淨營業利潤－資本成本。這裡的資本成本並不是企業必須付出的現金成本，而是投入期待創造利潤的機會成本，因而在此的資本，意思就是向投資者集資(借貸)或利用盈利留存對企業追加投資的總額。當EVA為零時，企業經營效益正好等於股東期望回報水平，若超過零成為正值，則是經營者為股東創造出超越股東期待的剩餘價值。

　　然而，我必須強調它不是個單純的經營指標。

　　其背後的關鍵在於它帶來會計制度的變革：

　　一它把研發、培訓作為投資來處理，成本在投資期限內攤銷即可，而傳統會計利潤，把這些項目以當年計提，算是完全損害計算。因此其能鼓勵研發、培訓能為企業帶來長期效益的行為。

　　二是扣除股權和債務的機會成本，明確要求股東權益的回報要求，將經營不佳的事業體裁撤，強化經營團隊等。同時，改變

了員工的績效評估基準與工作方式。

　　所以將EVA完全落實後，好處在於：企業現場徹底效率化、制定團隊戰略、促進快速經營決策以及改革快速化；也就是促進了經營者與員工的改革意識，所影響的是公司上下每個人。換言之，EVA就是「全員經營」的策略。

　　例如，美國郵政總署曾處於虧損狀態，剛開始實施這套制度時，EVA是負值，但是在公司配套的激勵計畫規定，只要是經營與生產效率較前一年提高，表現好的員工也會有現金獎勵，經過有效且合理的制度，加速他們變革的速度而已轉虧為盈了。

　　事實上，與EVA同時被提起的還有市場附加值(MVA)，其計算方式：市場價值(市值+負債時價)－投入資本(股東資本帳面價+負債帳面價)。

　　日本東芝就是信仰者，在全力推動「Smart Solution 2003」計畫中：2000年EVA為120億日圓，MVA是7000億，到2003年EVA為350億日圓，MVA是1400億日圓。但我必須指出，MVA值高的企業不見得EVA就是正值。像三菱儘管MVA達5100億日圓，不過EVA還是負值。

　　在全球化時代，無論是EVA或MVA，我認為對企業來說，就是厚實「變」的基礎，讓外面的投資者了解你的公司經營實況。

76. 企業成長靠經營而非管理

有些創業家認為領導就是管理，想要擁有權力、控制權及享受服務的，像是當了董事長，就有權力能夠任命人來作什麼事情，隨心所欲的支配各種資源，然後也要享受，部屬非得要服務我。雖然有「資金」與「夢想」，但卻不知道怎樣管理眼前公司的事情！

這種現象，尤以在傳統中小企業或是家族企業特別明顯。

事實上，人不能用管，而是要培育，企業需要的是經營而非管理。最近流行「企業治理(我特別用『企業經營』來詮釋)」(corporate governance)，就是這個概念。

corporate governance 的原意指的是董事會與專業經理人的關係。其立論在於，在企業成長規模逐漸擴大後，需要的是專業的經營團隊，擁有絕對權力的是董事會而非創辦人；倘若，企業持有者或董事會無法自行管理公司，就需找到一位企業執行長，授權由他負起企業的盈虧責任，至於董事會則握有最終的企業存續大權。換言之，就是把企業事務交由專業經理人經營，而董事會獨立在外作監督，在專業與透明化下，以因應全球化商業環境的競爭，同時期能取信投資者。

像日本的伊藤榮堂創辦人伊藤先生是一位企業家，但是他找了一位鈴木先生來作經營者，把公司培育得很好；美國奇異公司能創造世界第一集團，亦是企業經營的信仰者。

當然，真正的經營指的是能夠運用企業有限的資源，創造高利潤。我認為，要成為董事會信賴、超越股東投資者期待的專業經理人，必須有以下的認知：

一是經營就像農業——培育人財。不知道培育人財的企業，是沒有辦法永續經營的，同時，培育人財要有前瞻性，不能以現在的需要為依歸，你必須提早兩、三年，在有了方向後，就要即早規劃，並且塑造學習、分享與不怕失敗的創新環境。

二是授權。讓部屬發揮他的專長，部屬則要主動提出問題的需求，像是點子、需要多少錢來做這個案子，然後一起討論要怎樣把這筆預算作出來，這樣才能發揮授權的效益。

三塑造強有力的企業文化——建立hot group熱情團隊。企業在運作的時候，就有原本的一種文化存在，現在你做事的方法、生活的方式都要改變了，就必須重新塑造新的文化，因為企業文化是組織成員所共同默認的價值觀，也是思考以及行為規範的這一種體系與制度，因為企業成長不是用管理而是經營。

77. 有抱怨的顧客，才有成長的企業

常聽一些企業經營者大吐苦水：現在的消費者真難伺候，不是說這個服務有問題，就是說那個產品不好用，要達到「顧客滿意」還真不容易！我認為，企業主應該慶幸：還好有這些抱怨顧客，帶給企業改善的機會、成長的空間，否則要真出了問題，還找不到顧客來「滿意」呢！

您一定覺得納悶，為什麼我會這麼說？現在讓我舉個例子：

有一回，我和內人至餐廳吃飯，當時餐廳人員的服務態度不是很理想，於是，我把服務人員招來，傳達我的感受，並當場為他上了一課「顧客滿意」；服務人員聽完後，表情不是很友善，但還是向我們道了歉，便走開了。事後不久，內人跟我說：你又何必，下次我們不要來這家消費就好啦！我回答她說：我不但教他，而且下次還會再來！

事實上，顧客不滿意，多數處理態度就跟內人一樣，採取「拒絕消費」的方式，畢竟，企業經營的未來是企業的問題，顧客隨時有權利另做選擇打算；而那些願意主動提出不滿、要求業者改進的「忠誠顧客」，我想，企業主實在應該心存感激，因為

他們沒有責任，但卻幫助企業瞭解經營上的瑕疵，此外，仍願意再度上門給企業又一次的機會──若企業主無法體會，不加以改善，相信是不會再有第三次機會。

許多企業經營者，以自己提供的產品服務自詡，受不了來自於外的負面評價，一但有人批評反應，便推說是同業惡意攻訐，亦或是「拗客」前來上門消費，毫無自省自覺能力，殊不知，消費者的胃口天天在變，任何優秀創新的產品服務，終會因為不合時宜而變了味，或不對消費者的味。

所以，企業經營者必須有容納抱怨聲浪的雅量，同時，找出抱怨發生的原因，將潛藏於經營管理上的種種問題挖掘出來，並且設法解決，這樣企業才會成長進步，才能隨著顧客需求脈動。這也正是傾聽顧客聲音的另一層意義，知道顧客的「需要」以及「不要」，徹底抓住顧客的胃口。

我常說：要歡迎「異見」，而且越多越好！因為不同的看法、建議，可以反映出自己不足部分，進而加強改善；同樣的，企業在面對顧客抱怨應該採取正面態度，因為，顧客抱怨為企業提供檢討改善的空間，同時一步步引領企業成長茁壯！

78. 企業如何防弊

　　企業作假所引爆的信譽危機，這陣子隨著幾起案例，引起產官學界熱烈討論。有人就問我：如果積極導入美國式的「企業治理」觀念，聘任外部董事，是否能達到防弊的作用？

　　我說：除非是先知，否則百分之百不可能！

　　因為企業內部真要作假，不論從原料、產品、行銷等各個環節，甚至一小動作的瑕疵都有可能發生，通常這些是隱藏在財報之下，數字看不到真實，你必須是實際參與運作的人才會知曉。

　　像日本赫亞（HOYA），每個月都召開外部董事會議，即使如此，社長鈴木坦承：對外部董事說明時因為他們不需要考慮內部狀況，所以一定要用說服的方式來進行。換言之，這些董事對於公司實際的經營狀況，還是不清楚。

　　再試想：台積電用重金聘請世界級的企管、產業大師擔任外部董事，對於公司治理會起得了作用嗎？我想其主要效果在於企業形象的傳遞，營造世界級品牌的認同度，對於實際監督、防止作假，一點辦法都沒有。但由於，台積電在平日張忠謀董事長重視正直所形成的企業文化下，使企業治理得以有發揮的效用。

　　那末，企業要怎樣做到防弊？

我認為要從建立內部告發制度著手，但這個意思不是要製造誣告文化，引起同事間關係緊張，其關鍵處在於如下三點：

一、建立求真、求善、求美的企業文化。從領導者以身作則，無私心，一切以誠實正義為原則，容許與鼓勵每個人說真話，養成實事求是、負責的態度，並使每個人都深深認知：欺騙行為對公司的傷害有多大，形成高道德標準的共識。

二、獎勵與保護告發者。讓每個人有權舉發企業內部錯誤，不論對錯公司都必須保障舉發者的隱私，一經查證屬實，給予最高額獎金。

三、杜絕謠言發生。任何謠言，一律追究到底，凡是製造者與傳播者，不論階級與職務，公司絕對以離職處分！不予寬待！

第三部

產業競爭力——創新

79. 新鮮就是利潤

　　現在資訊系統的標準應該是能夠時時刻刻作到「超越部門獲得正確的資訊」、「超越公司獲得正確的資訊」以及「超越國界獲得正確的資訊」。但很多人以為這是講高科技，然而事實是這樣嗎？

　　事實上，我講的範圍是全部的經營。

　　其內涵第一是準確：在時間、目標、標準、程序都要精準拿捏；第二是高品質：就是讓顧客滿意，進而有高信賴度。所以無論是科技業或傳統產業都適用。

　　統一超商7-ELEVEN曾推出「北海道祭」專案，就是典範。

　　冬天，是日本「北海道帝王蟹」盛產的季節，由於肉質鮮美，頗受老饕喜愛，住在台灣的民眾要吃得到，通常得赴當地，所以冬季在台灣也是組團的熱季。

　　但這卻是7-ELEVEN創造價值的思考點。

　　替顧客買他想買卻不容易買到的產品，在這個概念下，首度將「產地直送」的經營推到海外，結合本土原有的配銷體系——「7-ELEVEN預購便」及「統一速達低溫宅急便」，推出「北海

道帝王蟹」代購。

那麼，如何讓台灣消費者吃到新鮮的帝王蟹？作法是與日本當地合作，北海道漁民在捕獲之後隨即川燙急速冷凍，再迅速空運來台，品質上由於全程低溫配送，嚴密控管，完全保留蟹肉的新鮮美味，所以消費者在台灣，不用花機票錢，即可同步享受到日本北海道的節令美食。其北海道帝王蟹宅配服務，甫推出短短二周就賣出3000多隻，創造極高的利潤。

一個本土企業若能提供超越顧客期待的產品，追求國際化的視野，自然就會有市場延伸的空間與機會。

因此，由7-ELEVEN賣北海道帝王蟹的啟示得知：

1.企業要真正掌握資訊，就是落實顧客導向，特別是打破時空，作到即時溝通，這樣才能談速度。

2.快的意思就是「新鮮」，亦即要「縮短總週期的時間」，什麼是總週期時間(Total Circle Time)呢？飛利浦‧湯瑪士(Philp R. Tomas)和肯尼‧馬丁(Kenneth R. Martin)為其所下的定義是「從顧客表達他們的需求開始，一直到顧客的需求被滿足為止，所花費的總時間」。

3.而未來零售商一定就是「代購商」，賣的就是服務；亦即在結合自己專長下，所展現獨特服務的能力。

80. 一個農夫的奇蹟

進入WTO後的市場開放，令許多傳統產業者憂心。我給他們的忠告是：運用網路直接面對你的顧客，給他們最好的服務。

南韓，有個農夫李宗吾(譯音)，曾獲得南韓農業部頒獎——2001年度最佳網站，因為他利用網站賣稻米，創造了財富。

他是典型的農家子弟，克紹箕裘，繼承家業，過去一直耕種著需要工時很久、利潤微薄的稻田，勉力維生，加上近年來面對WTO更便宜的國外稻米進口競爭，即使南韓政府有保障價格收購制度，並不足以減輕他持家的壓力。

在1998年時，初步接觸網路，懵懵懂懂，花了一個禮拜時間還不會上網，對於如何使用電腦，一點概念也沒有。但在南韓政府積極建設寬頻網路、大力鼓吹電子商務的熱潮下，1999年他也開始架設網站(http://www.ssal.co.kr)，就這樣做起了e-Bussiness。

在99年初，瀏覽其網站的訪客即達16.7萬人次，而有5千個固定客戶(regular client)，提供他們的稻米售價每公斤5,500圓韓幣(41.75美元)，比傳統零售商的價格便宜了500圓韓幣。當年，由於需求增加，產量從過去一年產80噸擴大到125噸，利潤

比前一年增加了25％。

主要原因是透過網路：

1.可使成本降低，提供優惠的價格。像李的網站，其線上交易費用約佔稻米成本13％～15％；而傳統零售費用至少佔稻米成本20％以上。

2.擴大市場範圍；創造市場。

3.並得以第一時間回應顧客，滿足他們需求，進而找到終身顧客(life-time customer)。

事實上，這就是顧客導向的精神。所以它不只是「虛擬價值鏈」(virtual value chain, VVC)，而是所謂的「顧客價值鏈」(customer value chain, CVC)。

我必須強調：南韓農夫的例子，絕非僅是個案；在各行各業中，都可以運用這樣的觀念，創造市場價值。我不斷說「實體加虛擬等於無限大」，是企業現階段經營最好的方式。就是這個道理！

另外，值得補述的是，南韓政府重視資訊基礎建設，在短短幾年時間，大力推廣數位活動，舉辦各種網路競賽，也是李能成功的重要因素。想想南韓，那我們呢？

81. 創新的新選擇

在等待景氣復甦之際，相信絕大多數企業都意識到要投資佈局，但有的經營者對於研發新產品卻有難言之隱，特別是一些高科技業者每每思及鉅額投資，總有複雜的感受，一方面對於市場成效雖抱著期待，一方面卻仍不免隱憂會有變數。

其實，為顧客創新產品是必然的，但投資開發新產品不見得都得用全新的技術，如何利用既有的零件與技術產業標準化的零件，是個關鍵。這怎麼說呢？

這個思考其實來自顧客導向。

因為在當前的經營環境，每家公司都朝向節約成本—最好讓舊機器創造新價值，使機器不是固定成本，而是資產。若要他花一筆大錢再買新設備，他不見得有能力與經濟效益去概括承受，而且所謂舊設備其實也不見得就是低技術，也非沒有市場，只是科技創新的速度太快，突顯它的「老」。

據愛迪西(IDC)公司研究，平均買設備花1美元，運作成本就得花三倍(3美元)。所以與其開發全新商品，不如就原有的設備創新，替顧客整合舊設備升級它的價值。

事實上，這就是幫客戶省錢，同時也就是替自己賺錢的思

維。

像戴爾電腦就利用群集的概念創新，為客戶提供解決方案。把數台電腦連繫來執行銷售資料庫，為客戶節省成本，速度卻比購買一台新系統更快，提升他們的效率。

另為幫助客戶降低電費和節省辦公空間成本，將原有伺服器設計縮小成如B4書本大小，也是一例。IBM和戴爾電腦已開始販售這樣的產品，預期今年市場可達15萬部，到2007年將大增為190萬部。

我很早就倡導概念研發(Concept R&D)，將技術標準化，只要有新的概念，用舊的東西一樣可重新組合設計改變，不僅是創新，而且能替客戶與自己節省不必要的開發成本，真正達到顧客滿意的目的。

82. 投資者無情的省思

想要持續贏得投資者的信賴，不管是任何品牌，即使是世界級企業都不容一絲的鬆懈，因為投資者最不能等待的是企業的遲疑不前。此點，日本新力公司（SONY）的經營高層應感觸最深。

新力2002年第四季為比預期虧損多兩倍的1,111億日圓，發佈起兩日內新力日本股價即重挫27％，被日本媒體稱為「新力震撼」。而其在NASDQ股值從2000年跌幅至十分之一。

八十萬投資者對新力的「現實」，更可從兩件事得出。

當年6月10日社長出井伸之親自出馬為新技術產品「QUALIA」宣傳。他特別強調：並不是只是提高產品配置和性能，而是重視顧客評價與追求心靈的感動。但投資者並不領情，日本每股股值從發表的前週3550日圓跌到3480日圓。

6月20日出井伸之在股東會上親自懇求股東再給他們一點時間，計畫斥資1兆日圓研發高速網路傳輸音樂電影的服務產品、晶片及技術。但有股東卻毫不留情的說：「我們是來看經營成果，看看值不值得投資。但你的說明沒辦法幫助我們下判斷。」

當然，投資者的無情並非是毫無來由的情緒。

　　例如像2002年推出電腦VAIO僅為310萬台，遠遠低於新力預測的440萬台，即是事前強調VAIO在家庭中接入網路中使用的價值，但結果並不如預期。

　　事實上，我過去已說過他們在電子製造與娛樂服務業中，搖擺不定是最大致命傷。領導者不是技術背景出身是關鍵。

　　雖然他們一直說結構改革的目的就是要擺脫掉20世紀的業務模式，打造新業務模式。但若改革還停留改良產品模式，僅僅靠組裝元件技術能取得優勢？我認為這是SONY能否重生的問題點。

　　畢竟你一直等待和希望顧客接受自己想做的事，你有把握多久呢？至少投資者並不會等待你太久。

　　新力變革決定的速度不符顧客(投資者和最終使用者)需求是根本原因，值得所有優良企業警惕。

83. 勿盲目投注非本業的項目

在我輔導企業的經驗裡，我發現有些原本經營有成的企業，但到後來不僅未能「守成」，反而處於進退失據的險境，當中有很重要的原因是創業領導者在事業初步成功後，急於擴張非本業所招致的惡果。

其中有的電子產業領導者說：我們做這些技術投資規畫，也是為顧客提供全方位服務，難道就註定是一種錯誤嗎？

無可否認，為顧客服務的企圖心是領導者的基本素質，但若以此犯了想急速擴張非本業的版圖，沒有考慮自己能負荷的能力，特別是在電子產業，每項技術所需要的門檻都不低，投資金額與人力資源需很多，如果一味地自信於想建立所有項目一手包式的「total solution」，那絕對是經營的大忌！

因為現在經營談所謂「做大」(make big)，是一種對專業的「焦聚」，而非傾全力在所有項目的「分散」。

台積電就是謹守此原則的典範。它就是以專注本業──晶圓代工建立起競爭障礙(Competitive Barrier)，讓對手無法超越進而做大。被美國《商業周刊》(Business Week)列選為科技百大，2002年全年利潤五億五千八百五十萬美元。據董事長張忠

謀當時估計，2003年營收成長率會超過兩成，優於全球平均水準。

事實上，倘若只是注重策略佈局而導致資源分散，就無法集中全力發展顧客導向的技術與服務，連帶在景氣不好時，就會讓「研發失焦」更為明顯浮現！像旺宏電子先前就因技術擴張投資多項IC設計與專案，面臨嚴重負荷而發生虧損的問題。

所以，我一再呼籲經營企業要「專」──專注自己的核心專長與滿足顧客需求的能力，不是每件事都要自己做，可以和同業合作，一樣可以創造大事業！

84. 尋求突破逆境的經營秘訣

　　遇到景氣復甦不明的情況，企業危機頻傳，有很多經營者就至總裁學苑(http://www.ceolearning.org)請求提供經營診斷，其中有的老總就跟我說：處理財務呆帳就像燙手山芋一樣，與倒閉僅有一隙之隔，問我該怎麼解決當前難題？

　　許多企業在面臨瓶頸時，才發現到變革的重要性，當然每個企業所面臨的課題不盡相同，自然應對方式也不一樣，但就大環境而言，企業建立起轉虧為盈、變革的秘訣究竟是什麼呢？

　　《日本經濟新聞》曾經以日本所有企業為母體，針對2003年三月會計決算期，找到兩百四十五家在各產業當中營業利益最高的企業，其平均獲益率為8%，幾近是所有產業獲益平均4.2%的兩倍。我認為他們的分析很值得經營者參考。

　　秘訣就是3S——「瘦身、安全和獨特性(Slim, Safety and Specialty)」。

　　一、削減人事與負債。在財務控管上過高的人事費用(非具核心競爭力的冗員薪資)與負債，是經營者最忌諱的事。之前日本最大的綜合石油及化學工業公司——三菱化學，就是積極優退高薪的老員工，希望能節省高達129億日圓的人事費。而知名的

資生堂，在池田守男社長這幾年積極沖銷呆帳下，經常利益大增69%。

　　二、重視健康與安全。現在人對於養生愈來愈重視，而SARS的病毒侵襲，加速提升民眾的需求，企業在推出產品和服務也應納入這樣的思維。像日本一家生產鹼性電解水的濾水器公司，她推出一台標榜能讓人喝健康的高品質濾水器，一台要20萬日幣，比松下等其他同業的產品價格高出四至六倍，但結果還是大賣。另森永乳業推出可以預防花粉症的優格和牛乳等商品，高健康導向產品激勵銷售，加上經營瘦身見效，2003年前半年集團淨利較2002年同期成長5.7%至48億日圓，創下當年紀錄。

　　三、推出獨特性商品。我常說不與人競爭的最佳策略就是創造獨佔性價值，也就建立是別人無法替代的競爭力。日本Hoya是世界最大的半導體製程光學玻璃製造商，由於利用其特殊的微細加工技術，推出高品質的電子光學產品，2002年會計年度第四季淨獲利成長48%至73.2億日圓，即是一例。

　　事實上除前述3S之外，我認為還要加一個S(smart management)。所謂智慧經營，關鍵在於更多專業經營「人財」(human capital)的投入。所以有興趣協助華人企業成長，並為自己找尋新事業春天的企業家或專業經理人財，歡迎加入我們的團隊，並與我們取得聯繫。

85.「縮減經營」的時代來臨

以往我們常用「財大氣粗」來形容一個擺闊氣與傲慢的老闆，而當聽到老闆說正「勒緊褲袋」，大概會認為他正在度小月，苦撐待變。但是就當前的經營環境而言，每個經營者不論過去多麼顯現財大氣粗，卻都得學會怎麼勒緊褲袋。

這個比喻說起來有點俏皮，但卻正是反應出一種不得不然的現實——降低成本(cost down)，使每一元成本都發揮它最高的效益，是當前企業存活的「氧氣」。

特別是當消費市場的需求減少時，你如何讓公司仍維持賺錢的狀態，這才是檢驗一個經營者卓越領導的功力。

五十鈴汽車(Suzuki Motor Corporation)社長井田義則對此有很深的體悟。

他最近說：日本原本有十九萬輛大卡車的市場規模，後降為七萬輛，五十鈴汽車只要佔有六萬輛，就能達到「黑字」(正淨利)的體質。

這個市場萎縮是因為在景氣始終沒好轉的情況下，自然影響日本民間對商業車的需求，而日本政府削減公共工程支出，也相對使卡車需求減少。

　　事實上，有 48.5％股權在美商通用汽車(General Motors)
的五十鈴，在結束三年的重整計畫，全體員工從13,791人裁減
成為8,172人；致力發展低成本、抗高溫鋼板材質的汽車。

　　五十鈴這連串的動作在在就是要「徹底化」──就是重視低
成本經營，從設計、製造、行銷和服務各項流程中徹底避免成本
的浪費。雖然在過去景氣好時，五十鈴也非常注意成本與品質問
題，但在各項環節上難免有疏失之處，而決心的改變，以期達到
「減資增益」的效果！這就是在經營上勒緊褲袋的新義，我把此
稱為「縮減經營」。

　　所以，以上述的例子可以獲得，縮減經營並非就是一種放
棄、宣告失敗的經營，相反的它是要以百分之二十的成本，贏得
百分之八十顧客的「少量多利」思維。我們可以進一步思考：什
麼是我們值得投入？什麼是我們不能碰的？我們的成本能降低多
少？在市場需求沒有成長的情況下，如何鞏固顧客的忠誠度？經
營者必須更加去思考劃分自己的利潤池(profit zone)在哪？

86. 經營態度造就企業命運

在不景氣的年代裡，日本電子業許多優良企業也宣告虧損與大幅度裁員重整，但獨獨有一家企業，沒有裁員，營收與淨利還穩定成長甚至創新高，2002年營收達到2.94兆日圓，淨利1907億日圓，這家公司是佳能（CANON）。

這個與我同年出生(1937)的企業，她能有這樣傑出的表現，讓許多人感到好奇，紛紛問我到底是怎麼辦到呢？

我認為關鍵在於其經營態度。

其實佳能在過去一樣存有老企業的組織通病，但1995年8月，原社長御手洗毅因感染肺炎突然去世，御手洗富士夫上任後情況卻有了明顯改觀。

這位曾經在美國待了23年擔任分社長的CEO，深信企業沒有利潤，便什麼都得不到。上任後三月，當時佳能並沒有虧損，便嚴格要求各部門一定要有明確的利益目標，也就是利潤導向，並且非常重視達到目標的執行能力。因為他堅信「自發、自治、自覺」是企業員工的行動標竿，如此才能形成合作無間的堅強團隊。

更可貴的是，能融合美日企業特長而成功建立新的企業文

化。

　　御手洗富士夫認為美國企業強調工作績效，表現好高獎金，一旦不行就隨時得走路，相對而言員工比較沒有忠誠度；日本企業則流行以年資論薪資和終身僱用制，但員工和企業比較像家人關係。

　　他認為環境不同，各有優點，所以並不捨棄原有的終身僱用制度，強調「人間尊重主義」，但塑造公平獎勵的環境，同期進來的員工不再是同酬，而是依貢獻度(實力主義)來決定薪酬。

　　同時，他堅持每天早上8點到9點朝會(召開非正式董事會)，沒有主題的論壇、什麼事都可討論，完全沒有忌諱的意見交換。其主要目的就是要建立共同的價值觀。

　　他對於領導治理主張"top down"，他認為"bottom up"由下而上的決議模式並非完全就是對的，因為員工的視野與觀點，往往受限於其位置而容易提出「部分最適而非完全最適」的策略。

　　這種將美國經驗注入日本傳統企業文化，無疑的，御手洗富士夫做到了，帶領佳能達到第一的境界。

　　綜上，御手洗富士夫的經營觀與我過去所強調的竟有許多不謀而合之處，像「企業存在的目的就是賺錢」、「重視公平激勵的企業文化」……，以後有機會將陸續作系列的介紹，讓企業經營者能第一手汲取到世界級企業的智慧精華。

87. 沃爾瑪百貨的經營震撼

　　日本第五大超市連鎖集團西友(Seiyu Ltd.)負債近38億美元時，主要幹部430人齊赴美國阿肯色州(Arkansas state, US)的Bentonville，他們千里迢迢到此，主要便是向其策略夥伴──世界第一大零售業的沃爾瑪百貨公司(Wal Mart Stores)總部取經，親自感受到市值2322億美元的經營震撼。

　　西友股權中沃爾瑪擁有37.7%，2003年3月底，五位沃爾瑪主管入主由十三人組成的董事會，開始引進沃爾瑪的經營方式。除了更新資訊系統，裁員40%，約兩千五百人，並將輔導四十歲以上員工另謀工作。重要的是如何在企業文化中融合其世界級的經營態度與執行力。

　　「百聞不如一見！」此行，西友經營層到底體會到什麼沃爾瑪文化呢？

　　一、價廉物美。沃爾瑪堅持提供「每天最低價」(every day low price)、「每天最低成本」(every day low cost)的好商品給顧客，並擬定出各項低價銷售計畫，比方Roll Back方案，限定九十天更優惠價格，吸引顧客。西友的人員隨便挑起一件商品比較，看到標籤價，直呼：真沒想到，價格比在日本便宜多了！

二、重視成本控制。沃爾瑪管銷費用率是16.8%，西友竟高達25%，這樣的差距讓這行人感到汗顏。

三、創造家庭價值。在零售的商品，創造家庭溫馨的消費經驗，提供詳盡完整的家庭產品。

四、建立品牌榮譽感。沃爾瑪相信每家分店都反應當地社區的需求與價值，所以不只是賣東西，還要提供他們學助獎學金以及服務回饋當地的方式，除了爭取在地認同，建立鞏固的品牌價值，也讓內部員工產生榮譽感。

五、善用資訊情報系統。在琳瑯滿目的商品陳列，做了精心的設計與安排，特別是重視建立起"Smart system retail link"系統，不僅讓經營主管、供應商與銷售人員能清楚掌握商品的最新狀況，及早因應，顧客也很容易透過其系統找到商品的種類、位置與價格，購買到其所需要的商品。

六、實踐顧客滿意。自1962年設立以來，創辦人山姆先生(Mr. Sam)就奉行為顧客滿意，尊重顧客，幫助顧客創造不同(Helping people make a difference)，超越他們期待的服務，特別強調「產銷流程中的每個環節，都必需以顧客需求為導向」，建立為顧客服務的企業文化。

88. 零售業的數大便是美嗎？

在對傳統產業的一次輔導會議中，一位老總提出以擴充硬體設備、增加融資作為他們變革的方案，他還堅信的對我說，這次計畫如果能順利產量擴增，就能壓低價格打敗對手，回到昔日的榮景。

聽到他的談話，我明白他過去曾經藉這種方式讓公司營運創造佳績，但問題是，以目前的環境，與對手拚這種規模量產的價格競爭，辛苦之餘，尚能保證高的獲利率嗎？另外，投資過多的硬體設備，與大增的管銷費用，本身還有充足的現金流量(cash flow)做後盾嗎？

在美國擁有870家連鎖店的西爾斯（Sears），為了跟排名第一的折扣競爭，經營者想要建比對手更大的賣場，並把食品、美容及保健產品、DVD播放機、賀卡等納入銷售項目(他們原本以家用機械、工具為主)，試圖以更大的硬體規模壓倒同業，提出所謂「Sears Grand」計畫。最大的沃爾瑪約11萬平方呎，他們新設商店面積將從原來的9萬平方呎到15-20萬平方呎。

然而提出計畫的背後現實是：資本額為400億美元，負債達280億美元；其股價雖曾高漲81%，滿一年分店營收卻已連續21

個月下滑。冒然採用這樣的計畫無疑是增加自己的經營風險！

重要的是，經營的環境不斷的變，以往大就是美，但現在呢？顧客就會因為你的「大」而跟著來嗎？

我認為如何讓固定資產越少越好，不能讓它成為我們的負擔，同時擁有資產不如善用資產，而專注在目標顧客的利潤價值上。我在好幾年前就說過，企業對於看得見的實體資產投資必需更加小心，同時一定要區隔化與獨特性，不以競爭者競爭，以最低的成本創造最高的利益，才是真正的價值。

以零售業而言，當然關鍵在於顧客導向，具體包括：

一、尋找最適的地點。

二、建立適合地域的最佳商品組合(Merchandise Assortment)──精確提供物超所值、價廉物美的商品群。

三、設置即時全方向顧客情報系統(Customer Chain Management)。包括顧客的收入、購物習慣與需求……等最新軟體化環境，以及為解決供貨商連繫和庫存問題的供應鏈管理

四、方便性。各項有形與無形的措施，皆從為顧客利益著想出發，融入美好的消費感受，提供完善的消費舒適性與服務。

89. 消滅貧窮是商機

很多人都說：現在不景氣是微利時代，所以很難賺錢，因為大家都減少消費，產品很難賣，而一些業者就專攻高科技頂端的市場，或者鎖定先進消費國家的顧客以為這樣就可獲利增加？

但這樣的獲利思維，就能是成功的保證嗎？

我很贊同我的好朋友前英業達副董事長溫世仁說：「從商業的角度看，消滅貧窮就是最大的市場。現在微利時代來臨，其實是因為對有消費能力的人來說，產品供過於求。事實上，全球還有80%的人還沒進入工業社會。如果讓他們脫離貧窮、增加需求，那就商機無窮。」

就像在大陸就有八億貧窮農民。人口數相當於北美、西歐、日本等先進國家人口的總合，更無須算在非洲、中南美洲或其他尚未至工業時代地區的貧民。事實上，我認為這就是企業的潛在市場，因為消滅貧窮本身就是一個絕佳的商機！

像位於大陸山東省的時風集團，該集團劉董事長是一位了不起的企業家，他的經營理念很像我，他便是充分運用這個思維而使企業獲致成功，十年成長實在驚人，擁有三萬員工，為一家不上市、不貸款、不欠稅的國營企業。

他以農民為尊,認為對資金有限的農民,不能賣很貴的農耕車及農業運輸車,而且這個農車品質要耐用,能夠幫他們賺錢。所以研發生產一部便宜三輪農業運輸車只要8000人民幣,貴的四輪卡車是3萬人民幣。就如同美國亨利‧福特當年生產人人買得起的汽車一樣。

2002年3月份和5月份,時風集團分別在北京和內蒙古參加了世界銀行組織「扶貧貸款專案」的投標活動,其三輪農用車和拖拉機一共銷售達3000萬人民幣。2002年時風在中國農用車市場佔有率已過48%,銷售收入68億人民幣。現是中國最大的農用車生產廠,而且能賣到美國、中南美及歐洲等二十個國家。

這便是長期以來,能替顧客消滅貧窮,實施低成本與高品質──落實物美價廉的企業文化,堅持誠信經營的結果。而且自己成為全球化企業。

所以你能說顧客滿意只是口號嗎?它絕對是獲利的最終目標。

90. 質問力是為了追尋真理

現在企業所需要的人財，並非只會聽話的服從者，而是能夠發現問題，與思考問題解決方案的人財。

日本坊間已經出版了非常多談論「質問力」的書籍，包括我的好朋友大前研一先生也出版了一本名為《質問力》的書，為什麼質問這樣的能力在今日受到如此的重視？

我想這和日本環境有著非常大的關聯性，日本經歷十多年來的不景氣，在企業亟於思變的情況下，個人為了不被裁撤，所以就必須擁有不同於過去的能力，也是日本人最不擅長的質問力！

過去日本企業的文化是，企業招聘員工都是從最好的大學開始錄用，進入企業工作後就得完全依照社長或上司的命令做事，上司要下屬做什麼下屬就做什麼，下屬從不會感到懷疑，也不會去思考上司這樣做的用意，是不是有其他方法可以做得更好。

但是現在則不同，在競爭激烈的今日，就算是一流大學畢業的學生，也不能保證就能找到工作；即便被錄用了，也不能保證在企業改造的過程中不會被解聘，因此每位員工都必須擁有企業所需要的能力才有存活下來的機會，這個能力就是必須擁有找出企業問題，並能夠解決問題的能力。

　　我曾訪問過山東省的時風集團，這是一家中國最大的農用車之王，這家企業的劉董事長是非常了不起的企業家，他擁有山東人直爽的個性，喜歡簡單，他說經營是件很簡單的事情，但是大家都把他搞的非常複雜，這和我的理念是一致的。

　　他告訴我他的上級單位，就是政府官員，說他不太聽話。什麼叫做不聽話，就是劉董事長的意見跟他們相左，所以我就告訴他，能夠說出「異見」的人（我特別把「異見」二字寫給他）是最了不起的人。事實上，領導者是必須要能要求旁邊的人，必須有提出問題的能力，如此企業才有進步的空間；反之，一言堂的企業很快就會衰敗。

　　提出質問並非是挑戰或是進行人身攻擊，而質問最主要的目的就是發現真理或真實，所以我們對所有事情都要保持懷疑的態度，提出問題所在，使得大家能夠集思廣益的去思考，讓問題得以有更好的解決方案。

　　最後，一個領導者如果自以為什麼都知道了那就太可怕了！問題思考的不夠周延的結果會是什麼？就是使我們下錯決策，所以在我們的身旁一定要用有質問力的人財。

91. 如何鍛鍊質問力

　　日本《經濟學人》雜誌(Economist)（2003.7.29期）
Economist Report工藤浩司的文章中提出，如何鍛鍊「質問力」
的十條方法，非常值得參考，故我逐一加以解釋如下：

　　一、想知道真理：想要解決問題就必須瞭解真實，唯有對事
情保持好奇心，才能探詢到真理。

　　二、不管什麼都要保持疑問：對任何事情都要保持疑問，常
問對方真的是這樣嗎？這是最好的解決方法嗎？有沒有更好的解
決方法？我們應該怎樣做的更好？事實上，人類天生就擁有好奇
心，所以小孩子常喜歡問為什麼？而大人們總是告訴小孩，等你
長大之後就會知道，但是小孩長大之後未必什麼都能知道，反倒
對事情的好奇心消失了，認為所有事情都是理所當然。

　　三、建立容易議論的企業文化：當探討問題時，必須就事論
事，對事不對人，每個人都可以提出自己不同的看法，也願意去
聽別人提出的「異見」，如此才能塑造起人人願意暢所欲言的企
業文化。

　　四、學習質問的技巧：發揮質問力就是要能夠說出自己感到
的疑問，以及持不同看法的原因，也要能夠讓別人表達出不同看

法的理由，所以我們會說，我認為是這樣的，難道不是這樣嗎，我很想聽聽你的看法？

五、要和提案者與內容分開的思考：不要有先入為主的觀念，或者被自己的主觀給限制住，對於問題的探討必須將人跟內容分開。例如蘇格拉底探討事情的態度就非常值得學習。

六、不怕意見的對立：如果我們的心裡感到恐懼，就無法探討問題；如果我們擔心得罪人，就不會敞開心胸說出真心話，所以不要害怕意見的分歧，而要能夠溝通、溝通、再溝通。

七、質問並非主張而要有理由：提出質問並非維護我們的主張，如果所談的是主張，就會陷入主觀不可更改的立場，而是必須提出理由是什麼？才有探討的空間，也才能真正找到真理和真實。

八、學習理論的同時不忘實踐：學習質問的理論，假如在日常生活工作中不去使用，根本不可能使你擁有質問力，而是必須時時刻刻把所學的理論去實踐，這樣質問力才能為你所用。

九、不是和對手論勝負，是要求真理的意識：跟對方辯論不需要有勝負的結果，因為辯論僅是為了追尋真理的過程，最後所獲得的解決方案或是尋求到真理才是最好的回報與喜悅。

十、對手要談的話題應事先研究：對於事情我們產生質疑時，是必須自己先認真思考過，並能夠預先去蒐集資料，這樣跟對方討論問題時，才能有效切入主題產生效益。

92. 製造基地邁向創造基地

　　珠江三角洲已儼然成為世界製造基地，未來如果繼續以
OEM（Original Equipment Manufacturing）方式仍會存有生
存空間，這是因為不管從過去或現在，我們的生產成本之所以相
對低廉，最主要的因素在於人事費用上，而未來我們則應該致力
於追求在管理上的成本降低。

　　但是我們不能僅滿足於停留在製造基地，而必須希冀未來能
有更大、更長遠的發展，所以我們必須從「製造基地」邁向「創
造基地」來努力，如何能邁向創造基地前進，就必須注重研發新
的產品，我所說的新產品，並非一定要是全新的產品，所謂「創
新」簡單地說，就是已經存在產品地重新組合，或者是加上新的
概念。

　　我以在《經濟觀察報》（2003.07.28）上看到的報導為例，
這裡舉出了一家廣東格蘭仕企業集團的案例，格蘭仕是全球最大
的微波爐製造商，過去他們在市場上一直採取低價競爭策略，但
是低價競爭所必須面對的現實就是微薄利潤，所以格蘭仕為了擺
脫價格競爭的框罩，立志研發新產品，終於在2002年發展出數
位光波微波爐。

　　在概念上微波爐是廚房的附屬品，而非烹調的主流必備產品，通常家庭中微波爐的用途是，拿來再次溫熱已經烹調過的食物，或者是解凍食物，但這是消費者在使用觀念上的不健全，事實上，微波爐是能夠料理出美味食物，就因為在整個產品的銷售過程中，格蘭仕重視與顧客進行「產品溝通」（Products Communication），故一年的銷售量就突破了120萬台。

　　過去我常說，企業要生存下去，憑藉的就是在競爭的市場中做得比別人好，但是這樣的經營會相當辛苦，所獲得的利潤也非常微薄。另外，就是要能跟別人做不同，這時你不僅是業界的領導者，更是擁有市場的獨占者，因此能夠決定價格，並獲取高額利潤。

　　從製造到創造的過程中，過去的格蘭仕只能做得比別人好而且便宜，卻陷入競爭者的追逐賽中，但是現在的格蘭仕加上了創新的能力，就能真正成為市場上的領導者，為顧客帶來更好的產品，創造出更高的價值。

　　所以過去在珠江三角洲地區已經建立起非常完整地製造基礎，若要轉型成為創造基地，重視「概念研發」就是關鍵。我為概念研發所下的定義是「利用已可利用的技術或構想，應用在已存在或不存在的產品或服務上，以創造價值或創造新市場的研發活動。」

　　在概念研發最初的階段，首要思考的就是：知道誰是我們的

顧客？傾聽顧客的真正需求？問問自己，我要如何設計、提供及超越顧客真正要求的產品或服務，以使得顧客滿意？這也是許多簡單的產品可以獲利的理由，因為顧客買了滿意，就會不斷的來，企業的成長就可期待。

所以我們必須傾聽顧客的聲音，顧客的聲音有二種：

第一、是對在市場上已存在的產品或服務發出不滿的聲音。

第二、是對不存在於市場上的產品或服務的新欲求。

消費者的不滿、不便等「不」的聲音，即是開發明日之星的產品。因為不滿意，所以有滿意的東西開發出來，「不」的聲音隱藏著寶貴的需求，重視「不」的聲音，轉換「不」為「喜愛」，這是概念研發中一個重要手段。

重視「不」的聲音，就是重視消費者的「夢」：「如果有這樣的東西該多好啊！」，我們就去實現他們的夢，這也是「概念研發」中另一個重要的手段，好的產品就是這樣產生的。

所以我們必須將顧客滿意變成為企業在企劃事業、產品及服務的原點，也是最終的目的。

過去我們的成功或許是因為擅於招商，使得許多外資願意來我們這裡投資，但是過去成功的延長線注定就是失敗，為什麼過去能成功未來會失敗呢？這是因為當大部分有意願的企業都已經到中國大陸來投資後，自然招商就會變得越來越困難，所以現在地方政府該做的不是繼續招商，而是必須反過來依靠自己，扶植

在地發展的企業成長茁壯。

　　珠江三角洲已經完整的建立起基幹工業，所以不管開發出什麼新產品，都能以最短的時間內量產，並行銷到世界各地。所以我們必須珍惜所擁有的資源與發展，並以既有優勢跟台灣等其他地區結盟，以應用各地不同的優勢，來彌補我們的劣勢，如此具互補性的合作，即可以減少時間、資源等成本的浪費。

　　最後我們必須認知到未來珠江三角洲的發展，如果想有別於其它地區的不同，就必須強調「集中與選擇」，也就是集中於我們的優勢之處，別人已經做得很好的，我們不去追求，而能夠以合作取代競爭，並懂得選擇最適合於我們的產業發展，放棄僅是適合或不適合我們發展的產業，如此即能累積出，屬於我們地區性無法模仿與競爭的獨特優勢，建立起屬於我們的核心價值。

93. 改革的盲點

　　新力（SONY）的改革何去何從？最近他們召開董事會，出席這場會議的外部董事日產社長卡羅斯·韋恩開口就說：日本新力年利益率現在只有2%～3%，實在太低了，就代表品牌已經垮下去了，這跟改革前的日產很像。

　　事實上，韋恩的警語，在日本新力高層領導者心中想必頗有難言之隱，因為不久前，社長出井伸之才重重對外界宣示：2006年目標，年利益率達10%！

　　特別是看到南韓三星電子90年代末拒絕進軍軟體業，堅持在硬體上追求創新而獲致成功，現在產品獲利率達15.5%。會讓出井伸之等資深領導者更有感觸吧。

　　回顧1996年日本新力創立50週年的大日子。他們自己宣示要「挑戰本業」、「挑戰娛樂業」及「把電子業、娛樂業結合起來，開拓新的事業領域。」這段期間，一開始雖有起色，但到頭來，因組織文化無法跟著完全改變，導致變革未確實而股價重挫被稱為「SONY SHOCK」。

　　甚至，現在試圖要走回製造電子本業，試圖重振往日雄風，但依我的觀察恐不樂觀，主要理由有三：

一、數位化(Digital)產品創新的不易。數位產品由於比起過去類比(Analog)產品,更著重標準技術規格化,但想要以此作差異化的產品設計,先天上比較不容易,加上遇到三星等強勁對手,都在積極開發消費者喜歡的創新產品,想要獲取差異化價值難度增加。

二、缺乏能刺激消費者衝動購買的商品。日本新力除了PS-2電玩產品外,明星級的產品並不多,因此消費者對於品牌的認同度與支持度遞減,有由感於此,出井伸之親自出馬為新技術產品「QUALIA」宣傳。他特別強調:並不是只提高產品配置和性能,而是重視顧客評價與追求心靈的感動。但成果如何還有待觀察。

三、產品價格出奇的高,有多少消費者能買得起?在通貨緊縮時代,產品單價高是銷售不佳的原因之一。像電視價格一台要120萬日圓、數位相機一台30萬日圓都是屬高單價,這一方面反應定價者對市場需求趨勢過於自信,另一方面也可能是本身製造成本過高的問題。

造成以上幾點的「因」,就如我過去所說是組織變革的速度太慢,變成眼高手低的現象,趕不及市場的變化。此不僅是日本新力的盲點,也是所有企業該審慎小心的地方!

94. 發揮理科人才的潛力

　　「五十年內要拿三十個諾貝爾獎！」自詡為技術大國的日本，面臨十餘年來的通貨緊縮問題，有愈來愈多的日本人(包括政府與民間)認為，主要沒像美國在90年代真正重視技術發展，想要脫離當前的經濟苦痛，唯有發揮理科人才的潛力，才是復活的關鍵。

　　日本《經濟學人》雜誌曾刊出有關研究發展的專題，其中有一篇由永井隆寫的「理系力」，精闢入裡，就是在探討這方面的問題，我認為很值得提出來供大家參考。

　　他指出：日本暢銷商品的成功基礎乃在於，這些理科人能夠拋開過去，而能從避免重複和錯誤中開發出創新技術。無疑地，新產品使人的生活和經濟產生很大的變化，而產生革新力量的源頭就是人，因此塑造出使人能發揮創意的組織與企業文化，是發揮理科人力的最大關鍵。

　　然而，鼓勵研究創新的環境，日本在這方面明顯不如美國，是日本經濟學人雜誌刊研究這個議題中最大的感觸！

　　就我觀察，也是如此。可從三方面來看，就可得出些端倪：

　　一、比較美日兩國理科研究人員的平均薪資。若我們將一般

性事物職務是薪資值設定為1，在美國：技術人員是1.65倍，研究人員是2.35倍；在日本：技術人員是1.11倍，研究人員是1.18倍。很顯然美國研究人員薪水遠高於日本。

二、比較日本文科(包括法、商)與理科畢業的平均薪資。就各年齡層文理科畢平均年薪：22～29歲──文科462萬日圓，理科508萬日圓；30～39歲──文科913萬日圓，理科703萬日圓；40～49歲──文科1306萬日圓，理科1098萬日圓；50～59歲──文科1568萬日圓，理科1456萬日圓。而以從22到59歲的生涯總收入來看，文科4.3億日圓，理科3.8億日圓，差距高達5000萬薪資。

三、日本專利不歸發明個人而屬於公司所有，美國則屬於發明個人所有而公司可以運用其專利開發。而且日本專利獎金僅從幾千圓到數萬不等，像2002年諾貝爾化學獎田中耕一，剛開始藉此研究獲得的方法和他的相關專利發明，起初僅獲得公司(島津製作所)1萬1千日元的獎勵。後來得獎消息傳回日本後，公司補發發他獎金1000萬日圓，但與其公司因此股票五天內增加了34%(等同增加235億日圓)，有人即批評太小氣了，即是一例。

以此，日本政府與企業對於研發創新人員的尊重與獎勵仍然是說的比做多，要如何以技術大國自居呢？這是大陸與台灣的政府與民間企業需引以為戒的地方！

95. 豐田汽車轉變的啟示

這幾年以來，「豐田(TOYOTA)生產方式」隨著豐田汽車市場在北美市場地位提高而受到矚目，模仿學習她形成一股流行熱潮。也因此，在2002年豐田高層決定在美國肯塔基州(kentucky state)設置「Product and Solutions Support Center (PSSC)顧問公司」，指導企業如何改善生產方式。

比方有家電腦製造公司老闆就詢問一位來輔導的豐田分社長，如何增加廠房設備提高現有生產速度，但這位社長卻反問他說：為什麼不能將生產線縮短？在北美這種大廠房裡如果將生產流程距離縮短，等於就是增加速度與效率。這種生產觀念讓聽聞的老闆真正感受到了豐田汽車的價值，覺得十分受用。

事實上，北美已經有兩千多家顧問公司在用豐田生產方式輔導企業。豐田會開這種公司，主要是認為只賣汽車的時代已經過去，現在還必須賣軟體，將製造經驗與銷售服務化為利潤，會比純製造的獲益更為可觀。

其實，豐田的改變正是智識經濟時代的縮影──也就是我常說的：看不見比看得見更有價值。

以美、英兩國而言，服務、金融、觀光等智識佔輸出比例

25%～30%，而印度軟體佔30%。特別是看到美國在1990年代「智慧財產權」的優勢賺錢，而中國大陸比日本便宜25～30分之一的勞力穩居「世界製造工廠」優勢，讓其他國家與企業思考與重新定位經營的方向。

日本不少企業就警覺到這個問題而謀求轉型，學習美國奇異從硬體轉為服務的商業模式。根據統計，在1980年，日本銷售額85%是由產品貢獻，但二十年後，銷售額有75%是靠服務(如引擎、醫療器材售後服務)而來。像川崎重工集團原以生產渦輪引擎聞名，後來也開始利用網路為顧客診斷引擎問題，作諮詢服務，類似的例子愈來愈多。

以此，商業結構的改變代表：未來不會像熟悉的舊世界，過去的遊戲已成過去，我們必須要創造新的遊戲。

所以，以生產代工起家的多數台灣企業，如何利用這幾十年來所累積的製造經驗轉化為下一波的優勢，是非常重要的，這不是意謂就放棄既有製造的核心專長，而是更需思考如何創造更高的價值，並提供給客戶最佳的服務。這對於中國大陸的製造企業，也是一個重要的延伸機會點！

96. 傾聽新世代顧客聲音

　　大人常會說小孩不懂事，但就商業行銷的角度，現在大人這句話可能要有所保留。在不景氣時代，一家美國市調公司Teenage Research Unlimited調查指出，美國青少年曾經創造1700億美元的消費，顯示新世代的消費能力。但問題是大人的老闆，你了解這群消費者想些什麼嗎？喜歡什麼嗎？

　　我所要強調的就是傾聽顧客聲音是獲利的第一步。

　　美國有些企業要推出新產品和換新包裝之前，常找來大學生、青少年和尚未邁入青少年期的八歲以上兒童任顧問。為了就是想辦法迎合這些顧客的口味，賣出好的價值。

　　很重視行銷的微軟，甚至聘請人類學家、年輕工程師和剛畢業的大學生，到全球各地青少年聚集的場所，去處觀察他們日常生活中如何運用科技，然後把蒐集到的資料轉化為小孩和大人皆可用的新產品。

　　像箭牌公司在網站上舉行繞口令比賽，獲勝者能得到免費口香糖；有些公司用傳簡訊的方式對年輕人打廣告，皆是懂得利用新科技和年輕人溝通。

　　事實上，尊重顧客是企業的價值觀，也是一種執行的細節。

　　像參與本田Element新款車廣告案的學生就對本田反應說「這是屬於你的車」，這種命令式的句子，讓年輕的消費者聽了不是味道，沒有個人專屬的感覺，如果我們把它改為「對！那是我的車」是不是比較讓人有尊重的感覺呢！

　　這是因為有些企業的產品或廣告，在做行銷策略的時候，往往以「我以為」的想法去框架顧客的慾望，然而往往也忽略了顧客的感受，當然失去了商機。

　　所以，我們必須先確認我們的顧客是什麼人，然後聆聽他們的需求，針對需求來設計產品或服務。他們獲得滿意或信賴後，便會成為一生的顧客，固定在你的企業消費，使你的顧客不會輕易的去找別家的產品或是接受服務，獲利率自然提高。

　　身為經營者，不但要有時時思考的習慣，更重要的是學習能站在顧客的立場。

97. 掀起電腦革命的Linux

正當全球電腦業處於低潮階段，一種新興的電腦作業系統Linux，卻值此時異軍突起，不僅橫掃整個個人電腦市場，同時，還以前所未有的速度，逐步地佔領企業伺服器市場。

根據新加坡《聯合早報》的報導指出：新加坡國立大學安裝東南亞最大的組合(Cluster)超級電腦，其中，組合電腦乃採用Linux作為操作系統。另外，IBM新加坡經理亦表示，目前有超過1/3的伺服器都是以Linux為作業系統，因此，日後IBM所有產品都必須支持Linux。

據了解，1998年全球Server作業系統，Linux的佔有率是17.4%，時至今日，全世界大概有25%的Server作業系統，已經開始採用Linux。此外，非洲許多國家也開始對Linux愈來愈感興趣，不少國家更有意將Linux作為Windows的替代品。

當然，Linux在使用上「免費」(free)的特性，的確為許多國家節省一筆龐大的經費支出，這對於開發中的國家而言，尤其受惠；至於，一些製造業很強的國家，Linux則帶給他們一個建立免授權費作業系統的機會，同時可以完全控制原始程式碼(Open Source)，對產業投資具有鼓勵性。

　　無庸置疑的是，Linux已逐漸成為電腦的主流操作系統，並且在伺服器領域上以相當驚人的速度成長。

　　這些現象，對向來穩坐全球電腦軟體業霸主的微軟而言，實造成地位上的威脅；因此，微軟主席比爾‧蓋茲(Bill Gates)，對Linux的發展越顯緊張，更企圖以行動來抵制和反擊Linux的擴張。

　　例如，印度幾位地方政府首長因公開支持Linux，微軟旋即宣布捐贈價值4億美元的軟體與開發工具給印度；另外，南非信息技術局在一月間宣佈，將全面改用Linux操作系統，預計每年可節省高達十幾億美元的成本，不到數日，微軟即頻頻釋出善意，並表示將免費提供軟體給南非全國各所學校使用。

　　然而，任憑微軟以其強大力量，企圖壓制Linux不斷擴張的勢力，卻終究抵不過Linux的來勢洶洶。

　　至於，Linux何以能讓電腦界的龍頭老大──微軟如此心存恐懼呢？分析其優勢如下：

一、不具獨占性

　　事實上，Linux最大的魅力，在於其利益並不特屬個別廠商或團體，它是一種開放式的系統，允許任何人自由複製或修改軟體，唯修改部分必須將程式碼公開(Open Source)。這種透明化的做法，吸引了許多具有電腦專長的工程師共襄盛舉，紛紛投入維護與開發行列。

二、不須付費

過去，一旦微軟宣佈要改版軟體，使用者就必須大費周章跟著改版升級，甚至是購買新的電腦，問題是電腦軟、硬體皆所費不貲，往往帶給使用者莫大的困擾；有別於微軟的專利付費，Linux的使用者在操作前不必先付一筆龐大費用，它是一套「免費」(free)的作業系統，沒有版權專利問題，同時在軟體取得上也較為容易。事實上，舊電腦利用Linux系統，其速度還是會超過新電腦用微軟系統，因為Linux系統非常簡單故不浪費。

三、安全防護功能

長久以來，微軟在安全防護(security)上的不夠周延，導致許多漏洞、弊病產生，令使用者詬病已久；至於Linux，因為它是一種開放性軟體，故具有多種版本供使用者選擇，使用者可自行套用，或是研發出新的防禦工具，當然，選擇性的多樣自能增加安全防禦度。

四、互通互換功能

Linux另一個特點，就是擁有互通互換的功能。如精通電腦程式者，只要稍加修改程式內容，就可以將大型的操作系統簡化，利用在小型電器當中，諸如：隨身聽、手機、電冰箱、工廠的操作機械…等；更有能力者，透過程式的修改，則可運用在更多方面，不僅幫助企業節省大量軟體成本，即使運用在產品上出售，也無須擔心會違反專利。

五、容易擴充

Linux具有良好的擴充性，可以根據使用者不同的要求，而隨時進行系統功能的擴大，讓Linux的功能性更加完整、亦更符合使用者的需求，同時，該作業系統也較為容易管理和使用。

我認為，Linux操作系統的發展，即將掀起電腦的另一波革命，而進入到自由發展、不受束縛控制的時代，日後帶給使用者的，是更多選擇性、更強的功能，卻僅需負擔較過去低廉的價格，這何嘗不是使用者所樂於見到的結果呢？

可預見的是，再過幾年，或許有一半以上的人都會開始使用Linux，企業更應該及早跨入領域、提前準備才是！

98. 汽車革命世紀來臨

　　自美國人亨利‧福特發明量產的國民汽車以來，汽車業已有一百年的歷史，而這段時間也是汽車製造技術不斷演進的過程。特別是近二十年來，人類對於能源、環保議題的重視，加以結合新材料與IT科技的進展，形成新的技術革命，連帶使業界在汽車設計思維與製造上呈現比以往出更多不同的風貌。

　　針對傳統汽車引擎消耗汽油、高污染的缺點所展開研發的自動化汽車——燃料電池車，是以氫氣為燃料、氧氣為氧化劑，通過化合作用發電，此種燃料電池又叫再生性氫氧燃料電池（regenerative fuel cell，RFC）。可以大大改變目前過度依賴石油資源的狀態，也實質緩解溫室效應、空氣污染等難題，就是一革命性的例子。

　　事實上，早在1969年人類第一次登陸月球時，就已使用液態氫和液態氧之燃料電池技術。然而，許多業者初期因為其製造成本高（製造一輛中型燃料電池汽車約1000萬日元），加上他們多少存著汽車業高門檻 (high entrance barrier)——新對手不易進入的心態，對生產此種車意願並不高。

　　但隨著環保意識抬頭，以及燃料電池等新技術開發成熟，逐

漸商品化，現在汽油和柴油引擎根本可以被電機業生產的燃料電池代替；再加上政府推動，像日本政府為解決汽車二氧化碳排放量佔該國二氧化碳排放總量21%的問題，國土交通省從2003年4月始，對燃料電池汽車實施為期兩年的免稅政策。諸如此因，使得汽車業者驚覺到非積極改變不可。

事實上，對於技術進步所引發的汽車變革，我認為有兩個值得注意現象：

一是給電機業者莫大參與的商機，甚至於成為汽車產業變革的主力。

二次大戰前即有生產柴油卡車的經驗的日立(Hitachi)，最近設立汽車系統（Automotive System）子公司準備研發生產燃料電池電動車，就很被外界看好：首先是基礎厚實。比方燃料電池、電動馬達、電動煞車、控制用半導體等電動汽車零組件的年銷售額已達8500億日圓，跟日野汽車市值規模差不多。

其次是零組件自製比率高。像奇異、福特、豐田、本田、日產汽車等零組件自製約為20%，但日立生產燃料電池車零組件自製比率高達30-40%，加上其它玻璃、輪胎委外製造就可自行組裝生產，則能與這些傳統大廠競爭。而很多將生產基地設在中國的日本電機業如東芝(Toshiba)也意識到這個趨勢，計畫生產相關零組件轉入這個行業。

二是透過輕質材料開發改變生產模式。

原本汽車車體是以鋼鐵做為主要材質，但過於厚重，我以前就說過：新材質的開發，車體未來可以一體成型，不僅可以解決這個問題，而且改變生產方式、降低成本。

其實，兩三年前美國科羅拉多州已有一家名為Hypercar的公司，以三到五年的時間開發碳纖維材質為車體的輕型車種，重量為原來的車子四分之一或五分之一。如果開發成功，不難想像以全球現在有六億車輛在行走，終有一天要被取代的巨大商機，將產生革命性的產業改變！

早期，汽車主要的功能為代步、運輸，即協助人類解決需長途跋涉的困擾，如遙遙相隔的村落、鄉鎮，過去可能得花上幾個鐘頭的路程，然藉由交通工具的運輸，卻僅需幾十分鐘，節省了大量的時間與人力。

直到八○、九○年代，所設計的車款始趨於人性化、科技化，如：可在車上連接網際網路(Internet)，從事上網查詢、或下載資料的動作；另外，增加汽車導航(Navigation Genie)的新技術，可指引駕駛人位置方向、提供最佳路徑選擇……等。許多IT科技，陸續建置於汽車內，讓功能更形豐富。

時至今日，人類在汽車功能設計、使用的思維上，產生了極大的變革：

例如，傳統的汽車引擎，是以燃燒汽油產生能量為主，然而，有近八成以上的能量卻因熱或摩擦力的方式而流失；除此之

外，汽車所排放的廢氣，更導致生存環境受到嚴重的威脅破壞。因此，近幾年陸續有企業提出，將「燃料電池」與汽車體做結合的想法，並著手進行研發。

Hypercar公司採用氫氧燃料電池(fuel cell)的技術，利用氫氧燃燒所產生的「熱能」轉變成「電能」，以推動馬達使汽車能夠發動；由於空氣中富含氧氣，所以只要在汽車上安裝氫氣，自然能夠帶動發電。

而有別於燃料式引擎車，這種汽車十分環保，排放出來的不是廢氣，而是不受污染的水，只要將水再經過濾淨處理，甚至還可以供人體來飲用。

目前，大部分的使用者，唯有需要代步、運輸的時候，才有機會讓汽車的功能發揮作用，至於其他時間，多因人待在辦公室、或在家休息⋯⋯等各種狀況，以致於無法利用，使得汽車暫時被擱置在車庫或停車場內，形成不良資產、導致浪費。

在未來，如果能發展、推廣這種燃料電池車，不僅可以讓汽車的價值徹底發揮、避免浪費發生，同時還達到創造財富的作用。因為，燃料電池車即使在車輛不開動的情況下仍可繼續發電，倘若充分利用電力，就能變成一個小型的發電機，一旦有幾百台、甚或上千台汽車的停車場，那就好比是一個發電廠了！

汽車由過去的代步功能，逐漸演進發展，時至今日，諸多車款早已結合科技(IT)，並朝向多功能性發展。而汽車在使用上與

設計上亦有相當大的變革與進展：

由日本多家企業所組成的Internet ITS聯盟，合作研發出一種新車款，利用車子在行駛的狀況下，蒐集降雨地區雨量，然後透過網路，將資訊發送到總部，如此一來，就能很快地統計出各地的降雨量情形，同時，也能提供氣象局、或相關單位作為數據參考。

另外，一些專門提供出租汽車的公司，常常因為租賃者的駕駛習慣不當，如：喜歡加快油門飆車、或突然緊急煞車、酒後駕車……等，以致於提高汽車磨損率，亦加速減少汽車壽命，而且錯誤的駕駛方式，不僅造成能量的浪費，也容易危及到其他人的性命安全。

有鑑於此，保險公司就可以和租賃汽車公司合作，經由租賃車廠所記載資料，針對駕駛人的習慣、技術優劣，或者有不良紀錄者，以作為調整保險費用時的依據；對於那些危險駕駛，保險公司理所當然應提高保費，務必讓對方付出較高的代價，一來保障保險公司的立場，二來攸關駕駛人的權益，在行駛時必能更為小心謹慎。

除此之外，現代人多以汽車代步，故不動產相關行業可以就汽車出入的情況，判斷該區段不動產的價值：估價人員可以將車輛進出狀況紀錄下來，作為計算該區不動產時的影響要因之一。

如某區域的車輛進出頻繁，相對地人口數量也就越多、越密

集，那麼代表該區應屬於黃金地段；反之，則屬較為偏僻，鮮少人居住、活動的區域，不動產價格自然偏低。

事實上，除了企業之外，每一個人都應該重新去認識汽車所存在的機能性，不再僅是過去代步功能而已；根據日本Internet ITS聯盟統計，至2005年汽車所提供的資訊，預計可累積達60兆日圓的價值，非常可觀。

所以這個時代，汽車已完全跳脫傳統印象，變成可蒐集情報、提供資訊、娛樂，乃至於創造財富……等多功能性車輛，這是一種思維上的創新，亦揭示著汽車變革時代已真正來臨！

有讀者對我所言：電機業成為汽車產業變革的主力之論點感到興趣，詢問我更詳細的資訊為何？

其實在我擔任由蔣氏工業慈善基金會在香港舉行的第六屆國際科技製造會議，籌委會主席時，我在籌備期間即特別要求主辦單位，無論如何一定要將納米科技(Nano Technology)和微機電系統(Micro Electromechanical System, MEMS)的發展，列入大會主要議題之一。

為什麼我要這麼強調？

因為，我當時就預見：電機產業隨著技術演進特別是納米科技(Nano Technology)的突破，其技術革新對產業變革比以往扮演更重要的地位，甚至可說為是支撐新產業的基礎技術。

理由就如同我先前所說，微電機系統並不是新的觀念，只是

憑藉現在科技飛快的進步，我們得以進入這個微小世界，並作為轉化世界生活的工具。

事實上，據日本經濟新聞報導，微電機系統技術現已應用於汽車安全氣囊使用的加速感應器、去氧核糖核酸 (DNA)晶片等，未來燃料電池和氣渦輪機的大小可能只有直徑2公分，一顆晶片上可能就有一座化學工廠。所以其對汽車業以及其他產業的商品設計所產生的影響有多大，不難想出！

據統計，目前全球微電機系統技術的市場規模約5,000億日圓。更有專家預估2010年全球市場估計會成長到2兆日圓。

現在日本政府已體認到微電機系統的重要性，決定協助發展這項技術。經濟產業省2004年度起要開發MEMS用的設計和解析支援技術，開發一套標準系統，希望對製造業產生助益。

因此以製造代工見長的台灣與大陸企業與相關政府部門，是不是要有更積極的作為呢？

99. 時風系列(一)：打破多角化
經營的迷思

　　我曾受邀參觀一家山東的企業名為「時風集團」，去之前我先看了對方提供的資料，上面描述這是一家成立於1993年的企業，也就是說已成立十年以上，擁有三萬名員工，主要生產包括：農用汽車、拖拉機和發動機。另外，擁有六個子公司，主要經營酒業、賓館、商貿、運輸、配件和油料。

　　母公司下設有就九個生產廠、一個工業園、一個中央研究院、一個大學等。2003年的年產值達：三輪農業汽車100萬輛、四輪農用汽車20萬輛、發動機130萬輛、拖拉機30萬輛、白酒5000噸的生產能力。

　　這些資料給我的感覺是，這又是一家多角化經營的企業，不過不同的是，這家企業十年來快速的成長，所投資的子公司也都能獲利，打破了我所說的：「企業多角化經營是最大的陷阱」這句話，到底這家企業是如何打破多角化經營的迷思？引起了我的好奇。

　　我拜訪了時風集團的劉董事長、劉總經理、于副總等，終於有了深入的瞭解，我常說企業最重要的是「人財」，其中最關鍵

的就是「領導者」，而時風能夠如此快速成長的關鍵，也就在領導者的經營理念。為什麼時風能夠多角化經營，理由有二：

其一是三不政策「不上市、不貸款、不欠稅」。

劉董事長告訴我許多人鼓勵他包裝、包裝上市，但是他總是問對方，為什麼時風需要上市？對方的理由是，上市之後資金就像水龍頭一樣，什麼時候缺錢，它就向外流。劉董事長說時風不缺錢不需要靠上市來吸引資金。

事實上，許多企業就是因為上市之後，一時之間湧入了大量的資金，經營者就在這樣的情況下，輕易轉投資或下決策，使得企業因為人力跟不上，資金太分散發生問題。

誠如萬科董事長王石在《大敗局》一書中切身深刻感受地說道：「缺錢對民營企業並非壞事，因為資金有限，不允許你盲目投資，不允許你犯大錯誤。如果你的戰略目標不清楚，又沒有控制能力，錢多了反而壞事。我常對那些為缺錢而發愁的企業家說，恭喜你啊！你犯不了什麼大錯。」我認為這段話正是對所有經營者最好的警示。

在不貸款方面，時風從來不向銀行貸款，劉董事長說僅是一個省農行，一次就願意貸給時風四億人民幣，其它銀行對待時風也是同等支持，但是我們從不跟銀行借錢，因為借錢自然要還本，另外，所支付的利息就是成本的增加。

事實上，有許多企業就是因為向銀行借錢，當銀行一收銀

根，企業還不出錢來，可能就會因此斃命。

就像我曾舉過的例子，豐田汽車在1950年曾經面臨公司倒閉危機，有多家銀行均不借錢給豐田，最後由日本銀行支店長呼籲，如果豐田倒產，日本中部地方(名古屋)將受到重大衝擊，才得到救援。當時豐田社長石田退三就立下「不可向銀行借錢！設備投資要自己籌備」的戒律，故現在豐田時時有上兆現金。

在不欠稅方面，就是「取之於社會，用之於社會」的觀念，納稅是企業應盡的義務，也是回饋社會的一種方式，時風集團所在的高唐縣80％的稅收就是由時風繳的，另外並為縣內及鄰近地區造就三萬個就業機會。

其二是交給專業經營。

時風雖然投資了若干子公司，但其子公司卻都能經營的好，理由就是劉董事長提供了舞台給專業經理人去發揮，這點非常類似於奇異公司前總裁傑克·威爾許的做法，奇異公司能夠多角化的經營，理由就是奇異同樣擁有許多流動資金，最重要的是，所投資的企業都是業界的第一或第二，然後威爾許是完全交給專業經理人去經營。

100、時風系列(二)：執行力的貫徹——看不見的「企業文化」

企業最重要的是領導人，領導人下了決策之後，就需要全體員工能夠貫徹執行，如此企業才能夠成功。決策的貫徹有二個重要關鍵，一個是從看不見的「企業文化」上著手，另一個就是從看得見的「管理」上精進。

在企業文化上，時風集團的精神是「務實、求嚴、文明、優化」，時風透過領導者的身教與言教進行了價值溝通，使得員工跟企業成為生命共同體，我常說：「領導者要能夠把複雜變簡單」，劉董事長就是一個實踐簡單哲學的領導者，時風的員工大部分是年輕人，每個人的程度跟素質都不同，所以他用很簡單的話語，使得每個員工能銘記於心。

例如：「同行業的最高標準是時風的最低要求」，說明了標準的提高是永無止盡的；「市場可以沒有時風，時風離不開市場」，說明了市場與顧客導向的重要性；「時風可以沒有我，我不能沒有時風」，說明了企業跟員工是緊緊相依存的，個人的前

途維繫於企業的發展，實現了個人價值與企業價值的和諧等。

另外，時風集團劉董事長也善於用人人聽得懂的寓言故事，來傳播理念激發同仁們上進與學習的精神。例如：獅子與綿羊的故事概要是，有人曾經做過一個比喻，一頭獅子率領的一群羊，能夠打敗一隻綿羊率領的一群獅子。寓意即幹部是團隊的決定因素，一個團隊做得好不好，關鍵就在於領導者。

一群羊跟一群獅子是不能相提並論，不過一個好的領導者，是能夠讓所有團隊內的人發揮出最好的潛能與實力；反之，一個不好的領導者，即便團隊內的人個個都是人才，在沒有領導力的帶領之下，往往會因為群龍無首，無法展現實力而變成庸才。

事實上在這次的訪問中，我住進了時風賓館也深刻體會到，時風的文化已經貫徹於每位員工的行為之上，我所住的樓層有幾位服務小姐，其中一位到我房間幫我倒茶水，我告訴她，我不喝茶倒白開水就好，我觀察到我的需求似乎很快地被傳播，之後每位來的服務員都不用我的提醒，只會為我倒白開水，而為其他人加入茶葉才倒進熱水。

這些雖然都是小舉動，卻是能夠讓企業的內外部顧客都深刻感受到。這是因為時風集團已經是一個學習型組織，後來我才發現原來劉董事長對彼得‧聖吉(Peter M. Senge)的《第五項修練》下過苦工，想想全世界有多少人看過這本書，但是能真正像他這樣去實踐的卻是少數。

101. 時風系列(三)：執行力的貫徹——從看得見的「管理」上精進

　　「管理是什麼，它的根本目的就是為了降低成本，提高資產的利用率，是為了企業更好的競爭，擴大市場銷售。」這是山東時風集團劉義發董事長對管理的見解。

　　他認為企業管理有三：第一，踏踏實實的做好具體的一些事情，例如歷史數據、檔案、定額、標準、規定、制度等等，這是管理的基礎；第二，講求管理的素質、手段和方法等等；第三，要成本和效益，否則，管理就失去它的意義。

　　他舉出一個例子來表現時風集團的管理：有位王姓員工，一天拿了一張僅有十元零八角的單據請廠長簽字，廠長仔細看過單據之後，就單價跟地點進行了詢問，隨後，問了王姓員工對市場價格是否瞭解？是第一次採購還是已經採購好幾次？

　　王姓員工如實的回答之後，廠長說了，你這張單據的價格比市場價格高出了約零點零五元，總價高出了三角錢，既然你是初次，哪麼下次一定要做好調查工作，如果工廠內每位員工每天多

花三角錢，時間長了累積的數目是無法估計的。(摘錄於《中國農用車之王》一書)

這個案例所表示的是管理必須嚴格且有科學根據，所謂的科學根據就是能有效地利用過去累積的經驗。所以，我告訴劉董事長他在成本上的堅持，跟台灣台塑集團的王董事長是相同的，王董事長同樣會為了百分之零點幾個點而計較。

而台塑集團就是擁有獨特的採購制度，使得成本獲得有效的控制，台塑電子化的採購平台統一採購窗口是總管理處，系統中存有優良的供應商名單，每次採購都會隨機抽取三到五家廠商要求報價，決標時並要求本次決標價格不得高於上次決標價格。

這跟時風集團的採購原則也有異曲同工之處，時風的採購標準是同樣質量的看價錢，同樣的產品看質量，同樣的質量同價格看名牌，優先使用。

在參觀時風廠房時，時風的于副總告訴我，現在生產線上的每一台車，都是顧客已經預定的，她們是在收到經銷商的訂單與款項之後，即在當天立刻進行生產，並在當天就發貨出去，所以沒有任何庫存的問題，而且他們在市場上是供不應求，所以工廠採全年無休三班制運作。

我聽了之後感到很驚訝，因為一個中國大陸的地方企業，如何能在生產管理上做到跟世界先進企業的水準，就像台灣高科技專業代工製造(Electronic Manufacturing Service；EMS)的方

式經營，原來這是因為時風在生產及物流管理方面建立了企業內部網路和企業資源管理(ERP)系統。

事實上，世界上有許多企業也引進企業資源管理系統，但是成功者卻寡，而時風能夠成功是因為他們在導入企業資源管理系統時是一個廠成功之後，再把經驗複製到另外一個廠去，並以市場需求為主線，由計畫訂單到生產部門到貨發出，有效的整理計畫、生產、銷售、採購等四大資源。

102. 時風系列(四)：資產營運管理

「企業有了錢能掙錢，有了錢也能賠錢，有了大錢也能賠大錢，甚至是『賠光輸盡』」。時風集團劉董事長這句話說明了資產營運管理的重要。

許多企業的資產營運管理幾乎是跟銀行掛勾在一起，非常依賴銀行的輸援，但是銀行的做法常是「晴天打傘，雨天收傘」，使得過於依賴銀行的企業，在週轉上發生問題的時候，因為得不到銀行的救援而倒閉。

時風在資產營運管理跟銀行的往來部份，就避免將眼睛盯在銀行上，而是全神貫注、有效合理的使用自己所擁有的資金，故時風在資產營運上有「五到家」原則。

一、經營原則定到家

意思是提高資金營運效率，堅持走自我發展的路，因此時風提出了「雙三」跟「三最」原則，即「自我積累、自我滾動、自我發展」與「最高效能、最大潛力、最快週轉」。另外，所有資金的統籌全部由集團的財務處統一管理，如此所獲得的好處是，一能集中資金辦事情，減少資金積壓；二是便於集團對資金的監

督控制；三是解決了部門之間的資金相對不足與過剩矛盾，提高
了資金使用效率。

二、別人的庫房建到家

時風為了避免跟供應商因為帳款的賒欠，導致「等米下鍋」
的情況，故研發了一套與供應商互利共存的方法，即是時風配件
庫存放的物品都是供貨商的，所有權仍屬於供貨方，而時風取得
的是使用權。保管貨物的人員具有雙重身分，既是供貨方的負責
人，又是時風的發貨員，如果貨物發生質量與過度積壓產生損
失，是由供貨方負責，但是只要是出貨使用，時風會馬上支付貨
款從不賒欠。

三、別人的銀行搬到家

劉董事長表示過錢可以少賺，但是絕對不能拖欠，所以時風
一直堅持「定單銷售」原則，經銷商必須將資金存入時風帳戶
中，才能獲得優惠價格。時風擁有二千多個經銷據點，而每個經
銷商在時風都有一個帳戶，而且帳戶上都有餘額，有的帳戶最高
時達到數百萬元。經銷商只要把錢撥到時風的帳戶上，時風就會
按時把車發出，資金越大，銷售量越大的經銷商，可以享受的優
惠價格就越多。

四、流動資金轉到家

時風的財務管理系統實現了從訂單輸入，到產品出庫六道工
序的自動轉換，做到當天收款、當天生產、當天發貨，24小時

資金不著地。因此能夠加快資金週轉速度，提高資金使用效率。幾年來，時風流動資金週轉次數一直保持在10次左右，而且沒有應收帳款，簡單地說，時風就是有辦法將一塊當十塊來用。

五、固定資產用到家

時風在使用固定資產時遵循了生產滿負荷，設備零故障停機的「三不」原則，即是「不閒置一台設備、不浪費一寸土地、不空留一間廠房」，也就是說在有限空間內，創造最大效能。

以上五點其中一點要實現於企業之中都不容易，何況時風能夠五點都做到，故我特別提出給企業參考，尤其是中小型企業在資金不足的情況下，如何能透過有效的資金管理，使得資金運作加快，發揮出最大效益，是值得企業家借鏡與學習的。

103. 時風系列(五)：論用人

　　時風集團的劉董事長說：「企業的發展靠市場，市場佔有靠產品，產品競爭靠質量，質量提升靠技術，技術掌握靠人才。所以，追根究底企業的競爭就是人才的競爭。」

　　而劉董事長的用人哲學是：「有才無德不能用，有德無才要少用，有德有才要多用。企業就應本著『人盡其才，才盡其用，用人所長』的原則，做到『是龍給片海，是千里馬給草原』只要有才華，盡可能讓他淋漓盡致的去施展。」(摘自《中國農用車之王》一書)

　　故我告訴劉董事長，我的用人哲學跟他是一致的，用人是用人的優點而不是缺點，企業要塑造出最好的工作舞台，給員工在舞台上盡情的揮灑，但是舞台上有設置雷區，這些雷區規範的就是人的品德，如果員工不小心踏入了這些地方，就得離開這個舞台，所以員工會懂得榮譽與珍惜這份工作機會。

　　許多製造業對於員工的管理是採軍事化的管理，就是要員工閉上嘴巴，做自己份內的工作就好，如此員工對於反覆的工作不會產生任何熱情。

　　我曾舉過一個例子，我到福特汽車去參觀時，問了一位正在

工作的工人，我一連問了三次他在做什麼？結果這位工人的答案都是鎖螺絲釘，眼神不僅無神且空洞。

不僅藍領階級的員工如此，許多白領階級的員工也是如此，很多行政人員對於工作的態度也是一樣的，他們認為自己的工作內容永遠是千篇一律，每天固定式的上下班，做著自己最熟悉的事，結果使得自己的思考陷入僵化，就因為員工對工作沒有熱情，導致大的企業得到大企業病，小的企業因為沒有彈性與活力而無法發展。

但是，在時風則完全不會發生這樣的問題，劉董事長最引以自豪的是，時風團隊團結務實，凝聚力強，工作落實的力度大。公司確定一個新思路，他們很快就能落實到位，如果是該今天落實的，他們沒辦完就是不吃飯、不睡覺，也要想辦法落實到位。

為什麼時風人有這樣的企圖心，這與時風領導者與企業文化息息相關，另外，時風注重職工心理素質的培養，他們認為未來所需要的「人財」，除了必須具備技術能力以外，更重要的是必須要有健全的心理素質，如此將使員工在工作中不會因受挫折而頹喪，也不會因為困難而退縮，從而挑戰競爭激烈的市場環境。

許多公司能夠做到制度的健全，使得員工在物質上獲得滿足，但是卻忽略了員工更需要精神上的獎勵與成就感，所以優秀的員工會因此流失，而無法建立起對企業的向心力，故企業不要忘記人的需求最高層次即是自我實現。

104. 時風系列(六)：談品牌

我曾跟一個朋友聊天，談到一家生產助聽器的公司，這家公司研發了好幾種助聽器產品，有的要好幾萬塊以上，有的則只要幾千元，差距好幾倍，結果單價貴的產品幾乎都賣不出去，顧客買的都是最便宜的產品，所以這家廠商是自己被自己給打敗了。

我說了一個例子給他聽，豐田汽車的品牌TOYOTA在美國銷售，最貴的車種也賣不到四萬美金，因為它的市場定位就是大眾車種，而銷售目標市場也是中產階級人士，所以即便它試圖設計出更高品質、更高價位的車種，也無法被顧客所接受。

豐田汽車苦思突破之道，發現TOYOTA品牌的市場定位跟目標市場已經非常清楚，自然無法吸引高收入的顧客購買，於是，豐田汽車又另外創了一個品牌LEXUS，定位在高收入的消費族群，果然因為LEXUS的品質精良、外觀大方，售價就突破了五萬美金以上。事實上，品牌不等於品質，而是一種概念，因此品牌是需要經營的。

所以我告訴他，因為這二種產品的市場定位跟銷售目標都不同，所以你的朋友應該把便宜的產品，跟昂貴的產品區分開來，並創立不同的品牌，高價格的品牌是賣給有特別需要的人，但是

大部分的消費者，他們僅是需要能夠幫助他們聽力的基本功能，所以只要買便宜品牌的產品即可。

品牌是什麼，簡單地說就是顧客對於產品的認知，所以我常說，品牌不是由企業所創的，而是由顧客所創造的，因為只有顧客喜愛上你的產品，他會記住你的品牌，而且他不僅自己會買，還會推薦別人去買，產品的品牌就能因此建立。

時風集團劉董事長對品牌的定義跟我是不謀而合，他說：「一種商品之所以能夠成為名牌產品，說到底是因為它能夠滿足消費者的某種需求，只有當它得到了眾多消費者的喜愛和認同，才能成為名牌。」

他又說：「由於時風堅持誠實守信、精誠合作的經營理念，守信用、講信譽、重信義，形成了強大的品牌的象徵。故營銷單位朋友認為，經營時風車是自身實力的象徵；在農民朋友看來，擁有時風車是一種尊嚴，開時風車是一種時尚，買時風車是一種榮耀。因此，時風農用車就是採用一流設計、一流品質、一流服務，贏得了用戶，贏得了市場」。

企業提供產品或服務目的是為了滿足顧客，那是要滿足哪些顧客？他們又願意支付多少的費用？企業若能以顧客導向的方式去思考，品牌的定位跟目標市場就會清楚，故我常鼓勵企業要創品牌，並且經營品牌，因為良好的品牌口碑，正是引導顧客願意嘗試我們產品與服務的媒介與橋樑。

105. 時風系列(七)：誰是我們最大的敵人——談自我競爭與環境

我常說：「頂尖高手是與自己競爭，是專注在超越自己的計畫和行動上。」過去我常問企業，誰是你最大的敵人？有人說是競爭對手，有人說是時間，或者是其它答案，而我的答案是「自己」，因為環境快速變化，但人卻被習慣的老想法給限制住，所以如果我們的想法不改變，我們的企業不可能經營得更好，只有可能變得更差，所以我們不能僅是去適應環境的變化，而是要能主動的去創造環境的變化。

時風集團的劉董事長也認為「最大的敵人就是自己」，他說：「自滿、習慣與私心雜念，會阻礙自己向更高的層次追求。物質上的小康或富裕並非高層次的需求，而企業家與一般經營者最大的不同差別，就在追求目標的不同。也唯有認識自我，才能戰勝自我，只有挑戰自我，才能戰勝一切。」我很同意劉董事長的這段話，事實上，我常告訴企業家，唯有無私，才能使我們看得遠；唯有「對自己競爭，與同業合作」企業才有發展的機會。

　　我常舉一個例子，我曾問過得到奧運跑百米金牌得主，他能夠每次都跑第一的訣竅是什麼？他說答案很簡單，就是當開跑的槍響時，他會全神貫注的往終點線上奔去，直到抵達目的地；而會回頭看或左顧右盼的人，都是那些落後的跑者。

　　這就像許多企業成功的理由一樣，它們能夠專注於自己的願景上，不斷地向目標前進，成為業界的領先(導)者，如此你所想的不會僅是要比競爭對手做得好一點，而是如何能夠不斷地自我超越，使顧客不僅感到滿意，而且驚訝我們為她們所做的。

　　劉董事長舉過一個例子，他在一次參觀企業時，有家企業的老闆對他說，他的企業每年的經濟指標都是近二位的增長，企業怎麼說垮就垮？劉董事長說有二個原因：一是對手太強了，都是30%以上的增長額，發展的比你快；二是你沒有走出去，沒有真正看到整個業界的發展。

　　我說確實是如此，商場是比戰場更為無情與可怕，這就是環境所導致，就像廣達、仁寶、鴻海等，們每年的成長都是超過50%以上，所以其他增長只有二位數的企業就只有被市場淘汰的份，故企業的成長也必須等同速度革命一樣，誰成長得快誰就能成為市場的贏家。

　　最後，我亦引用劉董事長的話：「企業大發展是難，小發展更難，不發展是難上加難，而企業不能持續發展，結果就註定會被淘汰。」

106. 創造感動消費的價值

　　2003年日本職棒阪神虎隊得到睽違十八年的日本中央聯盟冠軍寶座，它的母企業阪神百貨大打折一星期，虎迷為慶祝勝利而湧入阪神百貨大肆採購，而全日本逾一萬家百貨公司和超市也趁勢趕搭阪神虎熱，推出促銷方案，形成一股刺激消費風潮。

　　據UFJ總合經濟研究所估計，阪神虎贏球刺激消費的相關一切活動，可達1850億日圓，同時帶動日本經濟收益至少增長6355億日圓。

　　這種靠一支職業球隊的勝利，藉由消費者喜悅，感動消費，寄望帶動日本經濟復甦的說法，究竟代表什麼意義呢？

　　提升消費者信心，對日本經濟有正面影響。正是我過去所說經濟學是心理學的道理。

　　甚至，阪神虎熱這種現象不會是個案，而是所謂「娛樂經濟」(entertainment economy)的典型之一。亦如過去我所強調：只要能讓人感到輕鬆有趣的、都是創造經濟的動力，特別是產品和服務直接融入生活，讓人感受到滿足，願意花錢，這將是未來企業應努力的方向。

　　事實上，致力於消費者娛樂的需求，不論是製造業或服務業

皆然，如日本新力的PS2電玩大賣六千萬台，迪士尼樂園在全球成為觀光據點，皆是抓準了這個趨勢。

南韓三星電子投資逾五十億美元正全力發展家庭網路，也是一例。包括家庭網路機上盒，三款分別使用微軟、Palm與Symbian操作系統的新手機，以及全球最大尺寸的電漿電視。這也是希望藉由讓消費者娛樂，來創造利潤的方式。

所以如何在消費過程中取悅顧客，讓顧客感動，樂於不斷買妳的產品，這就是我一再強調：顧客滿意是21世紀企業最終獲利目標，關鍵即此。

107. 經營莫要過度自大

中國大陸、臺灣、香港三地，被日本稱之為「中國圈」，近幾年來不斷地成長，並對日本造成非常大的影響。據瞭解，2003年中國圈對日本的進口量，已經超越了向來獨大的美國，成長幅度更較前年增加20%。

由日本財務省的貿易資料顯示，2003年1~11月間，中國圈對日進口額達到12兆3千4百49億日圓，日本近四分之一輸出都集中在中國圈內；至於美國則為12兆2千9百80億日圓，占日本輸出額的24.7%；其他如歐洲及東南亞國協(ASEAN)分別占15%、13.2%。

事實上，早期日本企業對於中國市場並不重視，甚至不認為大陸有成為全球最大市場的潛力，而僅將之視為海外市場出口的產品加工基地。因此，當時自日本進入大陸市場的產品，大多是已經在日本推出一段時間的二流、乃至於三流的過時產品。

舉例來說：1981年日本三洋電機公司在北京人民大會堂，舉辦一場「三洋獨家展覽會」，備受各界矚目，一時之間造成市場轟動，然而，因為對中國市場的輕視，沒有用心去經營紮根，以致錯失打入市場先機；2003年末，當三洋重回中國市場，試

圖以品牌影響力扳回劣勢，卻已經沒有當年的優勢與氣勢。

我認為，許多日本企業在進入中國市場屢屢遭到失敗，關鍵即在於：

一、企業在經營態度上過度驕傲，始終認為中國是落後、未開發地區，並將已經不在日本生產銷售的產品都銷往大陸，這都是因為看不起中國人，才會吃上這樣的虧；

二、企業派駐于中國區的總經理，往往聽命日本總部的決定，而不敢將當地市場的真實狀況回報，可以說是毫無思考判斷能力的機器人，企業文化之問題，以致誤了企業進入市場先機；

三、最大的問題在於，日本人僅有「國際化」(Internationalization)的思維，但不曉得要朝「全球化」(Globalization)發展，視全球為一個市場，依各國最適情況、制定因地制宜的策略，也正是我所強調的「Global view，local touch」的精神。

如今，中國市場已成為全球最大的生產銷售中心，日本逃不開這樣的市場命運，以汽車市場為例：日本最大汽車製造商──豐田汽車，預計在2008年前，將它在中國大陸的經銷商系列分店，擴大到目前之六倍至六百家左右，並計劃將核心技術引入；另外，日產汽車計劃在2007年前，增加銷售分店至目前的四倍。預估中國到2010年，汽車年產量可達1000萬輛，這個數目也將超越日本。

　　所以，經營企業千萬不要過度自大、低估市場，誠如當年不被日本所重視的中國市場，如今已經是全球最大、成長最快的「吸金」市場了！

108.「除舊佈新」的新解

　　新的一年，每家每戶都會除舊布新，對企業來說，不也是如此嗎！

　　但我認為這樣並不足夠，而是需時時刻刻，上從領導者下至基層總機，都要有自我更新(renew yourself)，具有加速度的能力，這樣才有新的希望與未來。

　　很多在業界的創先者，總容易犯以下的毛病：以為是第一名就可以不用大改變，但事實上，這就是走向錯誤的第一步。

　　蘋果電腦(Apple Computer)在個人電腦業向來扮演創新者的角色，許多個人電腦標準都由她所開發或首先採用，但在後續市場發展上坦白說並不理想，業績展現總不如預期。

　　像1984年推出第一部用滑鼠的PC，當時他們自信滿滿，以為就此穩固市場佔有率，但是過了二十年後全球市場佔有率仍不到5％。對於這樣的表現，他們高層也意識到自己如果不變革，將會面臨越來越困難的窘境。

　　他們的改變是從硬體走向娛樂服務。首先與唱片業者合作成立蘋果線上音樂商店iTunes。從2003年4月底開始，歌迷自iTunes下載3000萬首歌曲。最近更與惠普(HP)達成協定，讓惠

普使用蘋果的品牌，銷售採用iPod技術(可儲存一萬首歌曲)的音樂播放機。

伊士曼柯達公司(Eastman Kodak)也有類似的問題。

她在一百多年前就推出世界第一台熱賣相機，這幾年投入龐大經費積極投資開發膠捲相關產品，然而，卻顯現不出利益數位，所以他們終於瞭解到不改變不行，決定改變傳統模式，走向數位科技，2004年將陸續在美國、加拿大及歐洲停售可換裝膠捲的傳統相機。

這兩家「老店」都是因利潤結果改變她們的思維，但如果領導者與組織能早點醒悟到變的重要，或許就根本不會有急迫變革的窘境。

故，我想強調的是，所謂時時刻刻的自我更新就是平日養成「反省」習慣，而反省並非指做錯才反省，而是任何事做了就得反省，甚至得到第一更需要自省，本田就是這樣的企業。

我們有反省力就能夠看清問題，對還未發生而將發生的困難提早準備因應，這不僅是對企業，對個人也是個好習慣！

109. "Beyond PC"的經營典範

在1995年後，我常在演講中提到"Beyond PC"的觀念，因為我認為「後PC時代」，不是表示電腦將成為過去的意思，而是電腦的型式將會改變以往印象中的PC，應用於各種家電中，而更融入我們的生活。這是我特別用Beyond PC來表示後PC時代的理由。

事實上，在1995年不僅是全球購買PC數量超越電視，而且也是網路的元年。這一年對電腦業有很大的意義。就有業者問我：在Beyond PC新時代，你認為有哪一家電腦業者最具有電腦新經營的詮釋能力？

我毫不考慮的回答他：戴爾電腦。

戴爾近年除了賣PC、筆記型電腦，還增加銷售消費性電子產品、印表機、資料庫儲存技術、網路以及服務事業，並且成績斐然，成功展現"Beyond PC"的經營。關於戴爾電腦的經營策略，過去我提到很多(詳見總裁學苑石滋宜觀點 http://www.ceolearning.org)，如眾所周知他的直效行銷(direct sell)模式。我認為有必要再補充說明的是，在執行長戴爾領導下，能夠執行其商業模式的關鍵是什麼呢？什麼是Dell Way？

　　2003年11月3日的美國《商業周刊》專文分析她的經營原則，與我先前提到的經營觀也有許多不謀而合之處，我特別加以融合俾供業者參考，如下：

　　一是直言討論(Be Direct)。在戴爾，對於老闆的話可以公開質問，允許所有人可直接挑戰他的觀點(challenge your boss)，此舉是為了讓決策更周延，並建立真正的共識，形成利於公司的執行力。我一直提出「異見」對企業的重要性就在這裏。

　　二是沒有藉口(No Excuse)。經理人必須在第一時間承認問題所在，面對它不要逃避，而在下次會議前尋求改善之道。如我常教育員工：面對真實、即刻解決(Face the truth, solve it in time.)的道理一樣。

　　三是不迷戀勝利(No Victory Laps)。執行長Michael Dell曾一度拒絕在總部大廳展示他們過去著名的電腦產品，因為「博物館只是專注過去(Museums are looking at the past.)。」他的信條是「對成就僅慶祝一下下，然後拋開(Celebrate for a nanosecond, then move on it.)。」這與我「經營者不能自滿」的信念是無異的。

　　四是去除本位主義(Leave the Ego at the Door)。戴爾強調"Two in a box manage"，意思就是部門裏相互支援，共同承擔責任，以自己的長處去彌補別人的弱處，強調團隊的重要。在我所領導的組織裏，我絕不允許同仁有藉職務搞官僚的事情發生，

並且極注重部門裏與部門間的團隊合作關係，這是構成熱情團隊(Hot Group or Hot Team)的要素。

五是沒有容易目標(No Easy Target)。無論是利潤或成長率，戴爾認為不能僅擇一個目標達成就算及格，而必須是兩者都達成。這種的企圖心，是企業茁壯的動力。過去，曾與我共事的同仁常會在離職後對我說：石博士，在你底下做事，你的要求很高，但會讓我們很有企圖心，也因為這樣，我們與公司才會一起成長，而且成長最快，事後也最值得回憶！

六是重節省成本比重面子重要(Worry About Saving Money, Not Saving Face)。戴爾這幾年對新興事業的擴充不遺餘力，但一發現機會不再，他會果斷放棄，不考慮所謂面子問題。我不斷對企業強調：節省成本是企業的基本功，亦是企業最重要的裏子。戴爾做到了，所以他會有表現，不令我意外！

110. 超越競爭

　　我在前訪談亞洲企業的過程中，遇到不少台商與日商都告訴我：他們將廠房外移的主要理由是，憑藉在外地便宜的生產成本，使產品能以量殺價，才能與競爭者一較長短。但他們還是免不了向我抱怨：現在生意不好做，利潤愈來愈低，壓力非常大，問我如何解套？

　　我發現這些老闆的特質大多是事必躬親，無論廠房大大小小，甚至對競爭者的動態非常注意，可說很努力。他們今天會有這樣的局面，我卻一點也不意外，道理很簡單，因為經營思維仍停留在老想法。

　　改變得愈慢，傷害愈大！

　　我說：想要獲利不是做量產低價競爭即可，這樣只會讓自己陷入與對手激烈困頓的環境，而任何的品牌也一定無法排除對手做價格上的競爭，因而在經營思維上必須跨越這種既有的門檻，創造價值，才有產生新局的機會。

　　所以我認為有三個關鍵：一、是要做不同，不斷發展有特色的價值優勢。也就是持續專注在可獲利的事業上。我常告訴企業界：競爭唯有對自己挑戰。頂尖高手是與自己競爭，是專注在超

越自己的計劃和行動上。

　　二、讓口碑成為你的活廣告。確認顧客是誰，傾聽顧客的聲音，瞭解他們真正的需求。然後提供令他們滿意的產品或服務，並不斷地改善(優化)，即解決顧客的問題並獲得他們的信賴，使他們願意幫我們找顧客，其結果就是企業自然賺錢。

　　三、因應消費階層發展不同的品牌。品牌是企業的形象與智識財產，為面臨對手可能的價格競爭，我們可以發展不同策略的品牌，做產品市場區隔，保護原有的品牌價值，超越殺價的藩籬。

　　事實上，上述都是一種符合「自然」的經營哲學。如何運用自然界的道理，如我過去所說超越競爭，掌握獲利機會，應是經營者在未來思考經營的方向。

111. IT產業不景氣的因應之道

台灣茂矽公司宣布退出DRAM市場，主力將轉至快閃記憶體、功率等非DRAM的研製，DRAM業務將委交關係企業。有IT業老闆對此問我如何去看待這個事情衍生的意義？

對於茂矽公司的變革行動，我認為是一種必然的應變。事實上，面對快速多變的市場動態，這非單一是IT關聯產業的個案，以日本的產業現況就可供借鏡！

現在雖然松下和東芝在AV部分略有起色，但日本IT產業整體仍處低迷，股價下跌減損企業的獲利，像一直為日本企業象徵的Sony在2003年第一季虧損9.27億美元。

特別是富士通、NEC赤字虧損。富士通2002年淨損達32億美元，NEC在2002會計年度(2003年3月底止)則向下修正2002會計年度(2003年3月底止)的財測，由原先的獲利淪為虧損。

日本經濟產業專家為其變革分析幾個方案：

一、尋求國家救濟：由於先前的不當投資，有利息的負債很高，在獲利不彰的情況下，形成銀行的不良債權，日本政府對此推動e-Japan計畫，用公共資金來疏貸。

二、分割和收編：富士通在電腦、通信、半導體與Flash

Memory領域都是赤字。富士通和AMD在2002年已經在日本成立一家名為Fujitsu-AMD Semiconductor Ltd，富士通40%股份，現已由AMD主導。

三、縮小與均衡以尋求利潤：大膽改革突破既有窠臼，像富士通和IBM合作就借助兩公司的中間設備與之整合，可以使顧客更方便使用下一代的通信服務。

四、積極反攻：富士通是日本最大的IT技術研發集團，在低迷赤字的狀態下，他們試圖以豐厚的研發基礎，積極推出新產品作為爭取市場的利器。

上述這些方案，是日本業者目前的對策，但成效尚待一段時間觀察，造成這種慘境，最主要是在於過去景氣好的過度投資所致。而反觀南韓三星電子在短短幾年成為全球首大電腦記憶體晶片製造商，2002年獲利59億美元，就是謹記這個經營觀念，以專精再求變而獲致高利潤。

以此，台灣或大陸的IT產業在面臨全球大廠的競爭，應該認清自己的資金有多少？市場在哪裡？技術在哪裡？如何「選擇」和「集中」作為變革的方向，切忌別犯了日本過度投資的弊病！

112. 網路永遠是泡沫？

「網路是虛擬的，總是有泡沫，又如何在這個虛擬的世界去挖掘價值呢？」有人提出這樣的問題。我說：錯了！虛擬(網路)不見得總有泡沫，相反的，實體發生泡沫的機率更高。

網路先前會發生泡沫，是由於投資者的盲目和無知，而加上很多創業者根本沒有生意的觀念所致。事實上網路就是生意，生意就是要有賺錢的機制，否則怎可說是做生意呢？

雅虎過去在經營上就是出現這個問題，只想以廣告作為獲利，但我當時就說這不是生意典型（Business Model），應該尋求獨特的優勢服務，因為網路本來就是連結(connection)，廣告就是要人知道不就是連結，那怎麼可能靠它賺錢呢？後來果然股票一直跌，呈現所謂泡沫。但自賽梅爾（Terry Semel）2001年5月取代庫格出任雅虎執行長後就改變作為，以顧客滿意著手建立、收購和藉合作來創造價值。

賽梅爾說：「雅虎現已有20億美元現金流量，並不代表會馬上會派上用場。」這是非常正確的經營觀念。所以我一再強調：電子商務是未來交易的主流，我的樂觀是基於在於只要擁有獨特的顧客導向商業機制，它的價值絕對是難以想像，因為網路

有它者無法取代的便利性，並且沒有實體的包袱。

　　根據《日本經濟新聞》2001年4月11日報導：東京都心五區
(千代田、中央、新宿、澀谷和港區)的空屋率為8.18%，比前一
個月增加0.19%，比去年同期上升3.18%，創下泡沫經濟瓦解後
新高。就可以證明泡沫經濟的泡沫是實體，這是與以往工業化經
濟時代追求蓋大廠房、大建築的思維，存有著極大差異！

　　網路經濟是看不見的珍寶，如何運用你的智慧，創造可在網
路上流通的數據化產品、軟體、多媒體、網路學習及電玩
(game)機制，這些都具有高附加價值的商品與服務。對經營者
來說，「永遠沒有庫存，又永遠賣不完。」怎麼會是泡沫呢！真
正的泡沫是賭博市場的股票和無法變賣出去的硬體及庫存！

113. 當產品「水土不服」怎麼辦？

我們常把「水土不服」用於人對旅途不適應環境的徵候，而在全球化的市場中，當產品也被這麼描述時，那可能對老闆來說是代表著嚴重損失！2003年在巴西熱賣的GOL汽車進軍中國就碰到這個問題。

GOL以兩門車著稱，2001年在巴西賣出192,326輛，在同年底更創下累積產量3,200,000輛紀錄，每五輛巴西車就有一輛是它的牌子，性能與品質都得到消費者肯定，是巴西第一汽車品牌。

2003年初進軍中國上海，以經濟型概念車鎖定單身有需求但不花大錢的顧客群，但才推出一個月，這款售價7.5萬人民幣的汽車，卻在市場中得不到預期的熱烈反應。

經市場調查發現：上海的消費者認為其內部粗糙，配置不高，空調與基本的收音機都沒有，更別說電動窗門與ABS之類的裝備，讓這些想購買汽車的年輕新貴，覺得儘管價格可行，但不夠時尚(Fashion)，而使用習慣上，只見過兩門跑車，沒見過兩門家用車，拿東西也不便，以上種種使他們暫時興趣缺缺。

我認為這便是全球經營概念不夠「在地化」(localize)的問題。對於在地的顧客需求欠缺精準的思考！並以經濟的角度證明中國是一個世界！

事實上，GOL不應以巴西為師，而是歸零觀察這裡顧客開車的過程，開發出符合上海或中國各地的新產品，這就是所謂的「品質功能展開」(QFD；Quality Function Deployment)。

美國福特公司在1995年開發的FORD Taurus，是當時非常暢銷的車款，其致勝關鍵就在於採用了QFD：福特公司蒐集了幾千項的顧客要求，然後從中整理出兩三百項，而將這些要求期待建立在汽車裏面，結果當然是暢銷。

全球化的產品不是標準化產品，而是顧客滿意的產品。

其意謂著彈性、速度與精準的重要。別地成功的商品不能當做定律要因地、因時制宜，故在這裡(特別是中國是個世界)還是要先知道誰是我們的顧客(End User)，然後傾聽顧客真正的需求在什麼地方，緊跟著設計調整、提供超越顧客真正需求的個性化產品或服務，使顧客滿意。GOL應去深諳此道。

114. 出版業的IT變革

　　這幾年，幾乎沒有人會懷疑IT(Information Technology)資訊科技對於促進企業變動的效用，「e化」、「.com」化也成為老總們的流行詞彙，然而，我必須說並不是他的企業有IT，就會立即產生利潤，端視自己的產業特性與核心競爭力為何。

　　有位傳統出版社的老總就問：他的公司要e化，全面轉型，成立網路書店，以此作為競爭力，可不可行呢？

　　我告訴他：全靠網路賣書賺錢恐不樂觀，看世界最大網路書店Amazon現努力轉虧為盈的經營現況就可知道其難度。因此，如何找到賺錢模式是最重要的！

　　日本出版情況，可以給我們一些啟示。

　　目前日本一年平均出版七萬種新書，每種印兩萬本，但其境內銷售點有五萬多個，根本不夠鋪貨，因此，絕版書很多，成了很多愛書人的痛。對此，出版社試圖因應的方法如下：

　　一、網路書店相繼成立。日本紀伊國屋、丸善都成立網路書店，而Yamato以及JR東日本藉通路與運輸優勢也投入網路賣書。但事實上，在日本網路銷售僅佔銷售總額1％。日本傳統出版社出書利潤並不高，只有20％。

　　二、提供隨選列印出版服務。日本講談社、小學館、富士全錄三家出版公司在2001年集資合組一家網路電子書店content work，共儲存有四萬五千種書籍資料庫，提供讀者隨選列印出版服務，即所謂「book on demand」。其中百分之八十是專門書、學術作品書刊，另有絕版漫畫書、小說，一本漫畫書印出來售價大概700日圓，比一般貴兩成，而特殊名貴的一本4萬圓日幣也有。

　　三、試賣電子書。日本出版商社開發以PDA作為瀏覽工具，但PDA用的LCD畫面容易因光亮產生不易閱讀問題，為此，日本凸版印刷與美國e-Ink合作開發「電子paper」，不受光線強度影響，而用電量為現在液晶螢幕用電量1%。

　　我認為在e-Learning時代來臨之際，「book on demand」與電子書結合發展，比較有未來性。特別是在運用IT時，需將習慣、方便性、喜好等顧客需求納入，才能發展出本身獨特性的價值。

115. 掌握環境變化超越不景氣

在不景氣的年代，很多企業都怪罪環境惡化，但如果換個角度想，這是不是也是自己跟不上環境轉變的推辭呢？

日本經濟的低迷逾十年，通貨緊縮的情況越來越明顯，物價指數下降，產品利潤微薄，企業竭力節省成本。儘管整體大環境是如此，產業中還是有搶眼的，表現出卓越的經營實力，通信販賣業的竄起就是典型，2002年總體營收增加4.2%。

像ASUKURU和KOKUYO兩家販賣通信文具業者業績就以兩倍成長，頗讓外界驚訝，為什麼會如此？

主要係通信販賣提供「個性產品」之種類齊全，能滿足新時代顧客需求，但研究發現其主要新增收益來源，並不是大企業客戶，而是新型小型企業，特別是SOHO族(個體戶)群大幅增加，2001年有100萬戶，據估算至2006年會達到400萬戶。因他們個人工作所需求的無線上網、便利通訊硬體與軟體設備大增，所形成新的商機。

這種現象在1980的工業化經濟時代，是很難想像的。當時絕大部分日本商人都把頭腦動到大商社的客戶或主力消費群上，但隨著1990年代中，智識經濟時代的來臨，加上日本因經濟泡

沫導致許多大型企業的客戶致力縮減人事與其它成本預算或重組，釋放出很多的專業工作者，成為SOHO，但於此也造就新的服務對象。

　　所以經濟不景氣其實某部分來說，也是意味顧客群的轉換──顧客的需求改變了。

　　像日本許多城市辦公大樓為因應這種趨勢，已經把大企業撤走的大空間改成一間間小坪數的工作室出租，結果讓這些SOHO趨之若鶩，反應比預期還要好，這就是抓對了環境改變的顧客思維。

　　所以我才會說：把握變化，什麼地方都有賺錢的機會！

116. 企業重生契機 —— 答案就在公司裏

　　中國大陸東北是老舊的重工業基地，日前我有機會訪問了其中的瀋陽電機廠，這是一個很不容易經營的企業，令我留下深刻印象。

　　瀋陽電機廠屬於國有企業，1950年成立，主要生產中大型發電機等設備，但由於從過去計劃經濟轉向市場經濟的不適，故產生了巨大的衝突，包括人員的思想觀念落後，設備老舊，造成企業連續八年的虧損。

　　但是在該企業的領導團隊更換後，連續三年有30% 的增長，甚至於已經能夠轉虧為盈，獲得500萬元以上的利潤。我說：「企業最關鍵的人物就是領導者」，瀋陽電機廠的重生正可以再度印證這句話。

　　同樣的員工，同樣的設備，但是領導者換了，確能造就出截然不同的結果！這也正如日產汽車的重生一樣，有人問日產CEO鞏恩，日產為什麼能夠復活，他說：「答案就在公司裏」，我說，瀋陽電機廠的重生也是一樣的，答案盡在公司裏。

　　事實上，它不是靠新設備取勝，而是以員工利用思考力和鬥

志，創造出具有競爭力的產品，然後創下每年30%的成長。

我認為這是領導者勇於許下遠景（承諾），並取得同仁們一致的支援，使他們能夠重新點燃心中熄滅的火，大家將心凝聚在一起，全心投入為共同的未來努力，才得以使企業浴火重生。所以人就是具有無限潛能，能夠將不可能變為可能！

當然對於瀋陽電機廠現在的重生也僅是一個過程，未來漫漫長路更需要去挑戰與經營，很多人認為老舊工業是夕陽工業，也是傳統產業，所以將被淘汰；但是我說，人類不會因為科技的發達，就不用中大型的發電設備。

相反的，正因為大陸經濟的起飛，中國大陸將成為世界的工廠，而這種產業用的中大型發電設備的市場就會不斷擴大，只要掌握這一個機會，不斷地創新產品和服務為顧客創造價值，就夠長遠建立起獲利的機制。

我常說：「我相信，我就能看見！」，因為機會正是提供給敢想跟願意實踐的人，祝福瀋陽電機廠。

117. 戴爾電腦的經營啟示

　　總部位於美國德州奧斯汀的戴爾電腦(Dell Computer)，在2002年宣佈當年第三季(至11月1日止)營收目標調高2億達到91億美元，這是戴爾連續第七季調高財務預測，其年度第三季營收將較去年同期成長22%，在不景氣的電腦業無疑是一項異數。

　　戴爾董事長暨執行長戴爾(Michael Dell)說：戴爾為客戶定製(build to order)電腦系統與服務很受顧客好評。

　　我對戴爾今天這樣的成績，並不感到意外。我曾提出其顧客導向(Customization)、創新可獲利的營運模式是致勝關鍵。而持續至今，戴爾仍然秉持這個原則不斷提出新的策略超越對手，獲取高利潤。

　　其經營啟示如下：

　　一、**發展直接模式(Development of the Direct Model)**。

　　戴爾不斷強化它的直接模式，從製造銷售與提供附加價值的服務，都是顧客導向，藉由完善的網路建設與內部的知識管理，打破官僚，減少層級障礙，與使用者有最有效的溝通，發展其核心競爭力。

　　二、**快速反應(Quick Response)**。

運用最新科技使她供應鏈的速度加快，縮短產品上市時間。除此，其靈活的策略也常讓對手追趕不及。過去是運用科技標準化、價格降低時才進入新市場，以其較精簡的營運模式在市場上競爭，但當2001年9月惠普表態有意收購康柏之後，戴爾非常有危機意識積極拉攏企業客戶。

三、建制低成本運作(Low Cost Operation)。

削減10億美元的費用。事實上，其營運費用占營收約一成，低於惠普的22.5％和思科的43％，這種低成本的運作，已形成企業文化，對消費者而言，也反應在低廉的銷售價格，及大打折扣戰的本錢，例如在大陸電腦最近降價三成。

四、策略聯盟(Strategic Alliance)。

雖然上半年止個人電腦市占率由13.1％攀升為14.9％，但戴爾還是不會忘記其他電腦商品的發展，在2002年9月24日與利盟國際合作宣布搶進印表機市場，便是一種強項與強項的結合，增加爭取市場的管道。

118. 成為產業結構性變革的先驅

中小企業如何因應產業結構的改變？我認為唯一的因應之道只有「快速改變」，不改變企業非但長不大，還可能慘遭淘汰！

我認為中小企業的「改變」之道，應該摒棄過去單打獨鬥，小資本、小規模的經營模式，而以策略聯盟或合併⋯⋯等，以合作取代競爭的方式，也就是集合眾企業的人財、資源、資金⋯⋯等，使企業體更為壯大，具備堅強實力跟世界的大傢伙競爭，以開拓更大的市場。

過去日本是全世界最具生產力的國家，整個生產業佔全日本產業的20%，但是日本的其他產業，包括服務業、農業、建築業⋯⋯等，都不是獲利的產業，也就是國家經濟的包袱，這些產業的生存是依靠政府的保護，及依賴其他獲利產業支撐。

但是整個世界的產業結構已經改變，美國已經從過去的工業社會，改變為知識經濟社會，日本卻因為改變速度太慢，仍處於工業社會，除了生產業競爭力快速下降以外，其他過去不獲利的產業更是雪上加霜，導致日本經濟的一蹶不振。

例如過去日本在DRAM產業佔有近八成市場，但是後來卻佔不到市場的一成，可想而知，大部分的企業因為沒有市場與顧

客已被淘汰出局。

　　每個產業在經過一段時間，都會面臨結構性的改變。所謂結構性的改變，不是去調整產業的某些部份，因為調整的部份是在整個產業成長過程中正在進行的事，但是當一個產業已經達到成長飽和之後，如果不突破，整個產業就會往下墜落，這時必須跳脫過去的模式，從根本去改變，跳到另一個新的結構上。

　　能先知先覺的企業領導者，通常能在產業還沒有改變的時候，就已經預知未來整個產業可能發生的變化，甚至能成為改變（制定新規則）的領導者，從產業界脫穎而出。

　　當然大部分的企業領導者屬於後知後覺，他們不能預見產業即將面臨的改變，只能因為產業改變，才不得不跟著改變，是產業界中浮沈的追隨者。

　　最壞的情況是企業的領導者屬於不知不覺，他們根本不知道產業已經改變，墨守成規的使用過去的經營方式，認為過去能活下來，現在同樣也能活下去，這樣的企業註定成為新產業界的淘汰者。

　　所以，我常說：「過去成功的延長線就是失敗」。環境快速改變，我們必須在還不需要改變，企業仍處高獲利時，就開始改變，才有機會成為產業結構改變的先驅者。

119. 小企業當前的處境與未來

　　有位讀者來信問到：面對中國大陸產業的競爭，一直苦思不解總認為台幣若不貶值，產業提升的速度絕對彌補不了臺灣過高的工資與土地價格的Gap，轉型高科技也只有"Top 5"才能生存，其餘的中小企業及傳統產業要如何才能生存？

　　臺灣中小企業老闆可否有同感？我認為這個問題，很寫實描繪出業主的焦慮，也反映出一些迷思與無奈。

　　一是貶值。

　　我想以日本為例，有人說日圓對美元必須貶到150到160日圓，才能拯救日本經濟，但現在已是全球化貿易時代，這樣的出口價格劇降將讓美國與歐洲陷入通貨緊縮泥淖，同時，在亞洲也會引起主要出口國家競相爭貶，如此的惡性循環，反而使日本經濟更加困頓。

　　故貶值無法解救日本經濟，加速整頓日本銀行體系才是小泉政府立即該做的改革。

　　同樣的，在臺灣，我們經濟實力並不如日本，金融體系亦面臨壞帳過多的問題，故意讓新臺幣大幅貶值，勢必引起通貨膨脹、金融崩壞的壓力，我們是否承受的起？而且過去曾有40台

幣兌換1美元的情況，當時的產業環境、薪資條件、勞力結構已不同於今日，我們還要回到從前？

二是過高的工資與土地。

低成本的大量製造，是臺灣在1970至1980年代(工業化時代)傳統製造業致勝的利器，當時，我們有廉價而勤奮的勞力，加以政府經濟掛帥，對於出口有配套的措施，但如今這個條件，已經被大陸取代。

那末，中小企業及傳統產業要如何才能生存？我認為，全球行銷通路的取得與建立是臺灣傳統產業(中小企業)唯一的希望。

我非常贊同臺灣中小企業協會理事長戴勝通所說：在臺灣花三、四百億蓋大型展覽場地，實在要不得，因為閒置的成本太高了。主要的理由在於，以臺灣的電子、電腦業來說，雖然產品製造水準提升，要舉辦「精品展」吸引買主(buyer)常苦無足夠的展覽場地可用，但也沒有大到足以每個月舉行不同電子商品、設計的大型展覽的規模，呈現兩難的困境。

所以，現行最好的方式就是透過網路找到我們的顧客。我在1996年即主張建立臺灣精品eMall，讓全世界均能上網來購買他們喜歡(量身定做)的商品，但現在太遲了，當amazon.com每股股價曾跌至7美元時，我便提出臺灣應買下其經營權，利用其網路第一品牌的虛擬巨大商場，作為我們的通路，但接下來每股股價已再漲回12美元，要買就更困難了。

其次，就是不斷強化與延伸核心專長。過去的大量製造(mass production)已走向一對一個性化製造(individual production)的時代，這麼多年來台商練就的本領就是俊敏(agile)——彈性、速度、產品質優的製造能力，剛好可以滿足市場的需求。這是我們的優勢，但絕對不能自滿或只想守成，要能不斷的強化，並依此延伸我們的專長，才能永保經營。

120. 中小企業「爭氣」法則

　　在景氣差的環境，還是有爭氣的企業。觀察這些企業擁有共通的特質，就是不炫耀、持續積極強化與眾不同的核心專長，而致力於顧客導向的專業經營。

　　之前根據《日經金融新聞》一項調查：其以日經225種股價指數在1989年12月29日創下38,915點的最高紀錄，比較當時1,819檔股票和2002年9月27日和的股價，發現這12年九個月來，總計指數下跌75%，但卻有78檔股票卻不受影響，反而逆勢上漲。

　　其中，羅沐公司(Rohm)股價漲幅最高，達到4.9倍家公司的表現，便是一個實踐寫照。

　　總部位於京都的羅沐，成立於1958年，主要是設計和製造大型積體電路(LSI)和相關高附加價值的產品(high-value-added products)，並持續專注在這個特定領域上。1989年度集團淨利為59億日圓，2002年度估計會達到580億日圓，兩者差9.8倍。雖然在2001年度 (2001年4月到2002年3月)受大環境影響，營業利益減少一半，但2002年度將會穩健上揚。

　　與績效卓著的台積電相較(員工約13,000人，稅後純益144

億8320萬台幣，資本額1,147億台幣)，羅沐現有員工14,948人，其每個員工所創造的淨利達38萬日圓，並不太遜色，但資本額規模來說，其868億200萬日圓比台積電小近五倍。

事實上，羅沐在日本，規模也不算最大，但在股市卻愈來愈有名氣，能得到投資者的青睞，它所憑藉的就是專注本業，使得營業利益的表現，不輸規模龐大的企業。

所以對中小企業來說，如何掌握核心力量(Core Strength)，並利用彈性即時的優勢，才能創造高利潤，取得在市場永續經營的機會。

121. 重新思考中小企業的經營觀

何為中小企業最大的優點？我的答案就是彈性。

因為大企業如果沒有組織變革與e化，往往經過層層階級和會議所決定的方針，常常就像大型航空母艦一樣，要轉個彎都得大費周章，但小企業不必。任何改變，在老闆的腦海中一轉念就會形成決議。

不過，中小企業提到彈性，最直接的反應就是隨波逐流，不與環境作任何的抗爭，但我認為並不是如此，而是須有堅強的顧客導向信仰與經營價值觀，作為後盾！彷彿在操作一艘激流中的獨木舟，雖然必須順勢而下，但也不能放棄操舵的主控權，否則必被水中的暗礁擊得粉碎。

因此，如何在彈性而不失自主的情況下擬訂經營戰略？是中小企業現階段最大的挑戰。

我願意提供三個思考角度，供大家參考。

一、以顧客導向建立自己核心專長。

重新考量自己擁有什麼資源？核心專長是什麼？是技術力？產品開發力？通路優勢？或優秀的管理人才？能提供什麼價值與服務給顧客？例如有些做內銷產品代理的企業，也可以考慮在原

有的通路，針對老顧客，提供更多樣的產品與便捷的服務。如何留住我們的顧客是最基本的經營法則。

二、借力使力、轉換外部的資源為己用。

中小企業資源有限，在快速變化的時代，常常會因為現有技術落後，人員換腦袋的速度趕不及市場變化的速度，而失去競爭優勢，因此技術的更新、研究發展常要依賴外援，借重國外技術合作者、outsourcing(委外)，不只是技術，人才也是一樣，專業人才短缺，中小企業雖可用有限的資金聘請外部專家顧問指導，但我認為最容易的方式是塑造e-learning的企業文化！透過網路全員學習，迎接變革。

事實上網路就是最佳管道，可以發揮借力使力的特質，我所主持的總裁學苑網站就是提供這樣的服務—便宜但高附加價值的學習內容。

三、發展智識競爭優勢。

在智識經濟時代，最能賺錢的不是機器，也不是產品，而是有價值的情報。經銷商和傳統最大的不同，在於不必設立倉庫辦理實際進貨、出貨，而是建立生產工廠和客戶的情報網路與供應鏈管理(supply chain management)，客戶需要，直接從工廠發貨，它所賺取的利潤，就是情報，事實上，企業要發揮情報力，先決條件就是做好知識管理(knowledge management)的機制，也就是資料分類、資料庫建立與員工學習分享的習慣。

　　總而言之，中小企業的經營者必須丟掉以往經營包袱，重新思考未來的經營方向，這就是我常強調的「不繼續本行又不脫離本行」的經營策略，是最高明的順勢經營。

122. 網站經營典範——Yahoo Japan

全球第一大晶片業者英特爾(Intel)，2002年6月宣佈它將關閉設立的網站代管，理由是其銷售與獲利都不符當初公司的營運期望……。事實上，在歷經網路股狂飆後的深跌、一堆網路相關公司、部門倒閉的現象，網路泡沫化？電子商務沒有「錢景」？這是經營者在網站經營上最常受股東質疑的事。

但我的看法一直是樂觀的，而且深信它是可永續經營的事業，我認為關鍵還是在於是否找出一個可執行的賺錢商業模式。

Yahoo Japan就是一個例證。

事實上，Yahoo!在發跡地美國市場是處於虧損狀態。2001年營收7.71億美元，比前一年下滑35%，虧損9300萬美元。我過去就說過這是它錯誤認知廣告是營收的主力，導致實際營收卻入不敷出所致。

但相反的是，Yahoo Japan卻因採取不同的策略，大放異彩，在2001年三月底截止的會計年度比前一年淨利兩倍成長達4900萬美元，營業額則成長132%，達2.42億美元。

所謂不同的策略就是其執行長井上雅博以「線上拍賣」

(online auctions)為核心賺錢機制。

　　總括其成功的內涵為：

　　一是速度創新。雖然eBay是線上拍賣的先驅者，在美國、歐洲經營的有聲有色，但在日本，Yahoo! 反而是跑最快，在1999年率先開始經營，現在已有170萬付費會員和730萬使用者，因此不但成為當地市場龍頭，佔有率超過70%，而迫使eBay退出日本市場。當中，其領導者提早一步正確的決策，功不可沒。

　　二是建立「以小博大」的索費模式(charge model)。2003年四月起每項拍賣品上線陳列就要1角美元而若交易抽取3%銷售佣金(sales commission)，儘管不多，但其陳列有20至50萬筆的交易項目，估計每月交易額至少6至10億美元。我非常同意井上所說：這還是很小的事業，但將會變得很大。(This is still a small business, but it's going to be big.)

　　三是推廣價廉的寬頻上網服務，成為搜尋中心，尋求潛在顧客。與日本軟體銀行(soft bank)合作，推出名為「Yahoo BB」的ISDN寬頻服務服務，以低於日本電信(Nippon Telegraph& Telephone Corp.)一半的價格(一個月18美元)吸收客戶，已經有60萬人的使用者，而其入口網站的常客(repeat visitor)回流率達78%，遠遠超於當地排名第二的Goo(14%)。

123. 放棄本位主義

日本讀賣新聞2002年5月24日社論以「一掃省益優先體質」為題，呼籲日本政府各部會要放棄本位主義的心態，作好公務員改革，組織再造，才有21世紀的未來。

我認為，這不僅是日本，也是台灣、中國大陸必須面對的課題。綜觀寰宇，任何一個國家，要真正進步，第一步就要打破官僚政治。

事實上，政府施政最可怕的是民怨，造成民怨的原因，不外乎：沒有司法、是非曲直；積小成大、小事無礙；曠日廢時、民急我不急；知錯不認、欲蓋彌彰。

就如行政上的流程，過去我們申請土地變更，整個流程約要蓋一百七十多個章，時間則要花上六、七年，這樣一件冗長的申請案，其實，真正審查的時間只有百分之五，其他的時間都是在作所謂的「公文旅行」。但是政府進行行政革改善時，卻只著重在那百分之五的改善，而忽略了真正應該改革的是那百分之九十五的等待時間。

事實上，我一生中，最痛恨的就是官僚。

過去有許多外國朋友經常問我，台灣政府中百分之七十的部

長都有博士學位，但為什麼政府的效能卻這麼差？我告訴他們，第一是官大學問大，只要官越大，他說什麼都是對的，就是本位心態濃厚。第二是我們的領導者把政務官當作事務官在用，也就是說，你是我的人馬，我叫你做什麼，你就做什麼，領導者完全利用錯誤的權力應用，即利益交換的權力 (utility power) 所致。

鑒往知來，今日台灣的政治文化若沒有出現反求諸己、自省的風氣，則和韓非剖析中國戰國時代的政治現象──「君主不仁、臣下不忠」有何差異！？

所以，我說要打破原有的想法，我們必須要革命性的改變我們的想法和做事方法──建立關心人（重視人）、關心地球、關心明天的責任政治，才能永續經營這塊土地！以此，對照企業經營，亦何嘗不是如此呢！

124. 如何破除「金融機構不倒神話」？

　　前台灣財政部長李庸三曾在立法院表示，經營不善的金融機構，將來會建立機制，不要讓「金融機構不倒神話」一直存在，但在此之前，一定會先明確宣示，待大家都了解後再來推動。

　　我非常認同李前部長這樣的構想，但速度一定要加快，而且執行一定要徹底。因為，金融問題如同埋藏在土裡的地雷，只要一觸發產生的連鎖效應，要收拾勢得代價極高。

　　首先，面對真實。像過去我所說，日本銀行處理不良債權需要三、五年。根據台灣銀行等七大銀行2004年二月統計，元月底逾期放款餘額均呈增加趨勢，七家銀行的逾期放款餘額合計達台幣5281億元，比前個月淨增加台幣197億元，創歷史新高，因此，不良債權的情況也很嚴重；所以過去我就主張應趁機讓經營困難的機構，該倒的就讓它倒，而把焦距放在建全金融環境，使好的機構能順利發展。

　　再者，金融改革需有整體配套。我認為可記取日本教訓、學習美國經驗，當中有兩個法案需儘速完成。一是推動「金融資產證券化」；二是推動「不動產證券化」。所謂證券化，好處是能

活絡資產、分散風險，進而改善金融機構財務結構、並且能匯集資金，創造籌資管道。

同時，銀行本身必須改變思維模式。面對WTO，金融體質務必朝向更透明、開放，而長期受政府保護的銀行，要不斷自我調整，以「經營改革」來代替「求取保護」，才會有真正的生機。

當然最重要的還是在於領導者的魄力與負責任的態度。像日本若在十年前領導者能下決心改革，就不會有今天的窘迫。因為真正的關鍵不在於缺乏問題認知，而是面對既得利益者的抗拒無法堅持與政商勾結，使得金融改革時機延宕，喪失復甦最好機會。

所以，當聽到李前部長打破「金融機構不倒神話」的談話，我很肯定，也希望他秉持專業與政務官的擔當，堅持下去，這樣台灣才不會走向日本的後路！

第四部

國家競爭力——跨越

125. 全球化經營的真諦

　　現在企業談全球化，很多企業都抱持著「Global view，local touch」原則，我也經常談到，然而，我發現其中一些企業只知道這個名詞，卻曲解了這個意思，造成本身經營的潰敗。

　　這怎麼說呢？

　　全球化指的是速度與品質都是一流的，沒有差別，同時，所謂的在地化則是必須做到與地區市場緊密結合，滿足當地顧客群的需求，當然設計可以因不同需求而差別，但品質絕對不能打折扣，但是有些全球化企業的問題卻是以過時產品去競爭市場，比方對開發中國家就用過時的產品，僅因為便宜，作價格競爭，設想他們這樣買得起就好，或者用不同時間來區隔發售，但這樣的想法是種迷思。

　　據2003年9月14日《讀賣新聞》報導，日本新力在經歷嚴重虧損後，重新評估有關生產、銷售方面的全球化策略方針，其中一項決定將銷售主力的「策略商品」在全球同時發售，改變以往因地區而有不同調的情況，即是上述相關的一種反思與變革行動！

　　目前他們在歐美地區推出主力商品時間比日本晚一兩個月，

在亞洲地區則更晚半年甚至到一年的時間，因而給區域競爭者有可乘之機，推出相仿的熱門商品。

事實上，這種情況不僅是新力，也是其他日本公司也有類似情況，因不同地區而不同時間銷售與推出品質優劣不等的商品，是他們在全球化時代面臨變革所遭遇的最大問題之一！

日本的家電業本來很有機會獨占中國市場，但因為很多公司是以日本總部作指揮發號司令，完全忽視地區總經理，故均以過時的家電產品在中國大陸生產銷售，因而敵不過當地中國品牌而貽誤商機。此後日本汽車業者採取全球同步策略，即展現亮麗的績效，如本田汽車就供不應求，訂車半年後才能交車，就取得了完全不同的勝利。

所以，我想藉此提醒企業者的是，想要成為永續經營的全球化企業，就是要做到提供零時差的一流商品品質與服務，二十四小時不間斷，這就是基本的生存條件！

126. 兩百億日圓專利賠償的省思

　　2004年1月日本東京地方法院裁決，日亞化學工業公司必須付給藍色發光二極體LED發明者中村修二達200億日圓，創下至今日本專利賠償的最高紀錄，立即引發日本產業界震撼與國際矚目。

　　除此，東京高等地方法院也判決日立須為DVD等光碟讀取技術支付前職員米澤成二約1.63億日圓。

　　事實上，法院接連的判決，無疑地在突顯對知識產權的重視。細究會有這麼多關於知識產權的訴訟，不外乎是日本研發專利人員長久以來都遭到漠視的反彈，企求喚醒企業更重視他們。

　　當然，對公司業績作出貢獻者獲得報酬是合理的必要，此判是正確的方向，然而，對企業而言賠償費過高卻是個問題：付法院判的天價能否承受得起？另也變相鼓勵員工只要發明專利就來訴訟，引起企業內部緊張與無端耗費本身資源，如此能達到判決的終極意義嗎？

　　事實上，就我的觀察：不是每件發明專利都會對企業產生利益率，通常每百件專利可能不到5%能商品化。

　　因此，重視知識產權最好的方式不是刺激使發明專利者長年

與所屬企業對抗訴訟要求鉅額賠償，而是促使企業建立即時實質、彈性的獎勵制度，也就是利潤即時分享制度，讓這些專利者體認並願意認同。如你發明的產品、商業模式幫公司賺多少錢，公司就馬上給你一定比例的豐厚獎金，這是最符合人性，也達到經營者與員工雙贏的目的。

近幾年來，日本有些企業已反省出實質獎勵作法：像日立已建立從申請專利潤來支付獎金的方法，一件專利最高額1000萬日圓，2002年已付7億日圓；武田藥品是根據新藥的銷售額訂出每年可發90～3000萬日圓不等的制度，同項產品最多支付5年，自1998年開始實施；花王則訂出營業利益達10億日圓的商品，就會額外支付給研發者最多1000萬日圓，2002年發出一件300萬獎金。

所以，我想強調的是，現在已是靠智識賺錢的時代，你要使你的公司維持優勢最主要不只是資金而是留住人財，藉以培育出智識競爭力。所以，如何建立彈性的獎勵制度，用研發的貢獻度來分配利益，塑造激勵員工士氣與創新的企業文化，是當今經營者必須深入思考的課題。

127. PHS手機在大陸盛行的現象分析

　　大陸俗稱「小靈通」的PHS手機，在當地如「天女散花」般快速蔓延，原本前幾年北京、上海、天津與廣州等大城市都因視其技術薄弱而禁止，但現在為止，情況卻大翻轉，已遍佈四百多個中小型城市，並預估2003年將達到兩千一百萬使用者，成長盛況讓人吃驚。

　　而在中國出版的《商業周刊》，在評選2002年全球IT百大成長最快企業中，電信產業唯一入圍的公司就是賣小靈通設備的UT舒達康，自1999年引入販售新的PHS設備後，扭轉使用者的刻板印象，創造市場熱賣，三年來平均利潤率達324%，業績平均成長達109%。

　　而另據媒體報導：主宰小靈通市場的有三大設備業者UT舒達康、中興通信與青島揚訊，其銷售額分別佔50%、30%及20%，另市占率分別為幾近60%、30%和10%。

　　針對小靈通的熱賣，在演講會場上，有位電子報長期讀者問我：「石博士，我記得你前幾年為文指出『PHS手機需投入大量資金與人力辛苦建立的通訊系統，包括標準化、規格化的系統

與架設發射基地台的設備等，這些龐大的系統控制設備，不但成本高昂，而且需要長期維護及售後服務，……企業主應當機立斷，即刻跳出市場，才能杜絕無止盡的損失』。那又如何解釋？」

確實，PHS是日本獨立研發的單一標準，但中國大陸引進卻不是如法炮製，這是它成功最大的原因。分析理由如下：

一、價格低廉。小靈通每3分鐘0.2元人民幣、月租費15元人民幣。而小靈通的售價僅400多元人民幣，比一般手機便宜一半，這對於大陸二、三級城市的消費者來說，價格上很具吸引力。

二、利用既有的電信設備作為傳遞的平台。運用大陸最近幾年已建設固網電話系統、城市內的通話系統與無線發射器搭配，不僅節省硬體成本，也加速設備建置推廣的速度。UT斯達康當初決定引進PHS原因之一就是看準大陸電信交換機與頻道閒置率高，而可以與其結合的優點。

三、技術持續精進。PHS雖然功率較低，但這幾年日本已針對技術缺點大幅改進近，像收發電子郵件、瀏覽新聞、聊天已是可行的附加服務，也在中國幾個都市開展，因為其無線上網速度每秒最高達128K，已優於GPRS。

四、商務人員的利器。因價格比手機低，很多業務員在二、三級城市與客戶談生意，都是左手拿手機，右手拿小靈通，用手機接電話，用小靈通講電話，形成一種有意思的現象，同時也表

示小靈通的使用價值。

　　事實上，對於小靈通的未來，還是有人持保留態度：因為在移動通信業務上，中國移動與中國聯通是最大競爭者，政府為維護他們利益對於大城市的開放就牛步化；而小靈通佔用的是3G的頻段，一旦3G(CDMA)在未來成熟後，小靈通恐得讓出

　　雖然這些都是實情，但我認為由於價格上的優勢在近期內競爭者難以超越，五至八年內不可能被3G取代因中國是一個不同的經濟世界，這些將是它能持續發展的關鍵。

128. 重視全球化人才的培育

企業要全球化，現在成為一句「商業正確」的慣用語，上至企業老總下至員工，每個人都說說的朗朗上口。然而，該怎麼做？答案卻莫衷一是。

我認為關鍵是全球化人才的養成。

何謂全球化人才的特質？我認為是學習力、適應力、反應力以及專業能力。其內涵如下：

一、有創見。

什麼是「創見」？「創見」就是創造力和前瞻性的見識，這是企業主管與研發人員必須具備的能力。真正的核心能力不在於產品或技術，而是在該組織內的人，因為只有人類擁有創造力。

也許你會問人的創造力是從何處而來？我的回答就是用新眼光看世界，會因好奇心的驅使做很多的事，即時反應環境變化，而在變化之前備妥因應之道。所以我認為強調重視創造力和概念性的思維教育，是今後生存的關鍵。

二、傾聽顧客聲音。

這裡的顧客包括外部顧客與內部顧客(員工)，所謂「傾聽顧客的聲音」是以服務的態度去吸收各種顧客意見，但並非就是只

照著他們所說的，去製造產品或服務，而是融合顧客的期待、新的趨勢和技術，完成超越顧客期待的產品或服務，這才是真正傾聽顧客的聲音。

三、網路化觀念。

網路是造就全球化不可或缺的「世界」，我認為網路化重點不在技術而是「態度」，特別是組織變革後的網路組織中，你必須成為強而有力的「領導者」，同時也應該是一位好的「跟隨者」。

因為在網路的組織裡，每個人都是領導者，這是我一直在強調的：我們必須讓每個人都成為領導者。

所以我覺得「自律」是非常重要，也是沒有例外的，因為每個「例外」都會使你更接近常規，直到有一天，生活本身就變成一個永恆的例外，所以而若如此下去，整個公司的運作都會變成例外，這就是因為習慣所養成的企業文化。

四、多語言能力

語言是溝通最佳利器，尤其與國外客戶溝通，嫻熟國際語言是非常重要的，而且也是建立全球觀的基本。企業應培養或塑造這樣的語言環境，鼓勵員工學習外國語文，倘若你的客戶都是美語系國家，則最好公司內部也以美語作為互動語言，以融入這樣語言的情境，進一步強化語言社交能力。

129. 全球運籌管理的真諦

　　企業要做到全球化，「全球運籌管理」(Global Logistic Management)是第一步。

　　據美國「物流管理協會」(Council of Logistics Management)定義：物流從起源點到消費點之有效流通，而專注於規劃、物品、服務相關資訊，及儲存的企劃、執行與控管的過程，以達到顧客的要求。

　　事實上，這並不是新的概念，很多人都在談，但過去在談到運籌管理，有些企業之所以沒有辦法做得很好，原因如下：

　　首先是企業內外的「資訊流通」(Information Flow)，例如內部各部門的相關產品原料、零件、市場、顧客、財務資訊，及外部的產業、競爭者、上下游供應商、大宗原料等訊息，由於環節太多或是蒐集機制不全，而傳送不良，以致企業無法資以作為構建運籌管理體系時的判斷。

　　其次供應的循環太長，零件或材料無法即時加入生產流程。

　　美國「工業工程協會」(Institute of Industrial Engineers, IEE)在1970年代就曾針對產品的生產流程做過研究調查，結果發現生產一項產品真正需要的時間只有全部的3%，其餘97%都

是在等待。尚且,對於零件或材料的選擇,企業經常會陷入見樹不見林的陷阱,只考慮局部的供應體系,或是局部的地區適合,而沒有考慮到整個供應體系是否都適用。

因此我認為,一個策略思考完整、符合當前環境條件的全球運籌管理,有四個重要的觀念:

第一,所謂的全球運籌管理,即是全球的供應鏈管理(Global Supply Chain Management)。其思考方式應該是所謂的系統式思考(System Thinking),全方位、全球性地去思考所有資源供應體系如何運作。

第二,Just In Time。就是建立快速訂單生產交貨體系,從接到顧客在網路上所下的訂單開始,戴爾電腦這方面即嚴格控管一環環的生產、物料、倉儲及生產線,務求以最短時間、最符合經濟成本的生產組裝方式,將符合品質需求的產品送到顧客手上。

第三,實體與虛擬的整合。物流(Logistics)現並不單就實體部分,尚包括資訊、資金等虛擬供應鏈(Virtual Supply Chain)的配送,兩者有效結合才能達到企業整體適用替企業創造真正效益。

第四,既是建置低成本也是賺錢的基礎。例如海爾集團,目前每月需量身訂做的個性化產品平均下單達6000多筆,而這些訂單所涵括品種達7000多種,需要採購15萬種物料,海爾透過

完善的物流整合與電子商務，庫存資金減少67%，倉庫面積減少50%，呆滯商品減少73.8%。

最後，想依此提醒領導者的是，在談一些所謂流行的管理詞彙時，一定要留心其實質內涵在哪，追根究底，才有經營的意義。

130. 愛爾蘭經濟成就的啟示

　　提起愛爾蘭(Ireland)，對亞洲地區屬於遙遠的國度，一般似乎總離不開愛爾蘭共和軍(IRA)為爭取北愛獨立的爆炸衝突事件，但就近十年的發展狀況，反倒離恐怖活動很遠，甚至於日本媒體就以「輝煌十年」來對照日本「失落十年」，讚譽愛爾蘭經濟發展的成就。

　　面積70,282平方公里(是台灣的兩倍)，但人口僅350萬(是台灣的六分之一)，外移到世界各地的人數達到7000萬，像前美國總統雷根就是愛爾蘭移民後裔，在歐體說其是蕞爾小國，並不誇張，但隨著國家經濟提昇，幾近10.5%年成長率，國民平均所得18,600美元，已經接近高所得國家的水準，他們是怎麼做到的？

一、化解意識形態的對立

　　愛爾蘭自十一、十二世紀間被英國併吞，受統治近八百年，全島原劃分為三十二郡，1921年英、愛條約簽訂，愛爾蘭南部二十六郡於1922年成立自由邦獨立，也就是今天愛爾蘭共和國，但當年制憲時因對英、愛條約內承認英國繼續統轄北愛爾蘭意見不和，引發兩派激烈內戰一年餘，英、愛兩國社會均受相當

程度的波及。為化解此嚴重政治問題，愛爾蘭政府於1998年12月2日正式宣告放棄對北愛爾蘭英國統治地區的主權主張，內部與國際政治緊張氣氛遂為之崩解。

二、重視經濟發展政策

近年來愛爾蘭正竭力經濟發展，固定資本額由1960年佔國內生產毛額(GDP)的14％，驟升到1979年的32％。自1994年，愛爾蘭開始進行為期六年的國家建設計畫。選擇電子業、製藥、工程、消費品製造業、食品加工及服務業等為重點發展產業，設立科技園區並提供優惠招商條件，目前尤以電子業表現最為突出，其硬體與軟體產業佔全國出口總值的35％，讓他們以「愛爾蘭是歐洲的矽谷」自豪，的確，全世界知名的軟硬體資訊廠商像戴爾電腦、NEC、3COM、ORACLE、美國蘋果電腦、GATEWAY、英特爾、 LOTUS等都已駐足此地。

三、重視數位基礎建設

愛爾蘭是全歐洲第一個擁有全面數位化電訊系統的國家，並持續推動基礎建設。同時，電訊費用在全歐洲算最便宜的，不僅節省企業通信成本，也創造吸引外來投資的機會。同時為保持自由化全球化競爭力，自1998年起對電信市場解除管制後，全球廠商的逐鹿與積極投入，數位化的成果自然領先群雄。

四、推動電子政府

愛爾蘭政府除了協助企業推動發展計畫，1995年即線上推

出Facts about Ireland網頁，開始本身致力e化，也就是電子政府，追求一流效率的政府。

看愛爾蘭的發展，對同樣屬於島嶼地區的台灣，有何啟示？自然資源不豐，一樣須仰仗貿易，我們比其有更好的產業製造實力，但為何整體表現有下滑趨勢？無疑的，打破政治意識的藩籬、推動經建是先決條件。

131.「日本式經營」已面臨崩潰

「終身僱用制」、「年功序列制」和「企業內工會」,過去被稱為「日本式經營」的三大法寶;另外,日本經營之神松下幸之助在帶領松下電器期間,亦最早實行此三大制度,為松下電器的發展帶來相當大的助益。

然而,時至今日,「日本式經營」開始產生企業冗員、及龐大的資產負擔……等負面現象,昔日協助企業提昇的利器,如今卻備受各界質疑,尤其,松下企業現任社長中村邦夫,更高舉「變革」大斧,進行一連串的破壞與顛覆,如:大幅裁員、讓企業員工提早「下崗」、及實行「成果主義制度」……等,曾被松下奉為圭臬的「日本式經營」,現已遭到推翻、拋棄。

松下社長中村邦夫曾針對調降福祉年金一事,親自致信給離職員工,信中提到:

原本不該用寫信的方式,而是應該親自來拜訪各位,因為今天松下電器能夠有如此成就,都是靠各位的付出、貢獻所換得的。

慚愧的是,由松下幸之助先生為優惠員工而設立的「福祉年金」(保證存款利息維持年7.5%~10%,時間可長達十五到二十

年)，在近幾年來銀行利息始終為零的情況下，導致企業每年必須要補貼百億以上的資金，才得維持這項措施，負擔十分沉重，故不得已必須調整這項優惠，將利息調降。

事實上，以日本整個人口結構來觀察，過去15~24歲者佔生產人口的30％，現在則減少為20％；而45歲以上、逐漸步入非生產人口者，過去佔了25％的比例，如今則高達47％~48％，幾乎接近生產人口的一半；另外，未滿30歲的人口，過去大概為所有人口的40％，到了2002年減少為22％。

可以預見的是，日本老齡化問題將十分嚴重。這對已呈現赤字、每年又需補貼百億以上「福祉年金」的松下而言，倘若繼續維持這項傳承已久的美意，最後，必定會被這個越來越大的年金包袱所連累、拖垮！

不過，儘管中村邦夫以十分誠懇的態度，希望能獲得員工的體諒與支持，卻仍無法獲得全體已退休、離職員工的完全諒解，有少部分員工甚至感到忿忿不平，認為企業喪信；七十五位已退休的松下員工，更到大阪地檢處控告松下企業單方面違反約定。

除了松下，另外還有許多企業，也因為過度承諾員工，最後企業不堪負擔，而必須將承諾收回，例如：橫河電機公司幫助退休職員中的志願者，移轉至橫河老年公司(橫河旗下子公司)，讓那些已屆退休而希望繼續工作的員工，能獲得僱用，這種延長僱用的措施，最近也面臨解散一途。

　　我們不難發現，「日本型經營」在時代的變革下已逐漸走向崩潰。要提醒企業的是，今後在進行決策或下承諾前，務必考慮政策長遠的可行性，權衡未來企業是否有繼續執行與負擔的能力，這才是具有遠見企業的作為！

經理人系列1　**石滋宜談競爭力**

作者　石滋宜
特約主編　徐桂生
責任編輯　余友梅
助理編輯　曾秉常
校對　林東翰　曾維貞
美術設計　沈月蓮
發行人　王學哲
出版者　臺灣商務印書館股份有限公司
地址　臺北市10036重慶南路1段37號
電話　(02)2311-6118・2311-5538
傳眞　(02)2371-0274・2370-1091
讀者服務專線　0800056196
郵政劃撥　0000165-1
E-mail　cptw@ms12.hinet.net
網址　www.commercialpress.com.tw
出版事業登記證　局版北市業字第993號

初版一刷　2004年6月
定價新臺幣350元
ISBN　957-05-1878-2

石滋宜談競爭力 / 石滋宜著 -- 初版 -- 臺
北市： 臺灣商務, 2004[民93]

　面； 公分 -- （經理人系列；1）

　ISBN 957- 05- 1878- 2 （精裝）

　1. 企業管理　2. 競爭（經濟）

　494　　　　　　　　　　93008056